Dogan Kesdogan

Privacy im Internet

Vertrauenswürdige Kommunikation in offenen Umgebungen

vieweg

Dieses Werk ist auch als Dissertation erschienen unter: D 82 (Diss. RWTH Aachen).

Microsoft Visual C++® und WINDOWS NT® sind eingetragene Warenzeichen von Microsoft Corporation.
OPNET® ist ein eingetragenes Warenzeichen der MIL3 Incorporation, Washington DC., USA.

Die Deutsche Bibliothek – CIP-Einheitsaufnahme
Ein Titeldatensatz für diese Publikation ist bei
Der Deutschen Bibliothek erhältlich

Konzeption und Layout des Umschlags: Ulrike Weigel, www.CorporateDesignGroup.de
Gesamtherstellung: Lengericher Handelsdruckerei, Lengerich

ISBN 978-3-528-05731-2   ISBN 978-3-663-05850-2 (eBook)
DOI 10.1007/978-3-663-05850-2

Dogan Kesdogan

Privacy im Internet

DuD-Fachbeiträge

herausgegeben von Andreas Pfitzmann, Helmut Reimer, Karl Rihaczek
und Alexander Roßnagel

Die Buchreihe DuD-Fachbeiträge ergänzt die Zeitschrift DuD – Datenschutz und Datensicherheit in einem aktuellen und zukunftsträchtigen Gebiet, das für Wirtschaft, öffentliche Verwaltung und Hochschulen gleichermaßen wichtig ist. Die Thematik verbindet Informatik, Rechts-, Kommunikations- und Wirtschaftswissenschaften.
Den Lesern werden nicht nur fachlich ausgewiesene Beiträge der eigenen Disziplin geboten, sondern auch immer wieder Gelegenheit, Blicke über den fachlichen Zaun zu werfen. So steht die Buchreihe im Dienst eines interdisziplinären Dialogs, der die Kompetenz hinsichtlich eines sicheren und verantwortungsvollen Umgangs mit der Informationstechnik fördern möge.

Unter anderem sind erschienen:

Hans-Jürgen Seelos
Informationssysteme und Datenschutz
im Krankenhaus

Wilfried Dankmeier
Codierung

Heinrich Rust
Zuverlässigkeit und Verantwortung

*Albrecht Glade, Helmut Reimer
und Bruno Struif (Hrsg.)*
Digitale Signatur &
Sicherheitssensitive Anwendungen

Joachim Rieß
Regulierung und Datenschutz im
europäischen Telekommunikationsrecht

Ulrich Seidel
Das Recht des elektronischen
Geschäftsverkehrs

Rolf Oppliger
IT-Sicherheit

Hans H. Brüggemann
Spezifikation von objektorientierten
Rechten

*Günter Müller, Kai Rannenberg,
Manfred Reitenspieß, Helmut Stiegler*
Verläßliche IT-Systeme

Kai Rannenberg
Zertifizierung mehrseitiger
IT-Sicherheit

*Alexander Roßnagel, Reinhold Haux,
Wolfgang Herzog (Hrsg.)*
Mobile und sichere Kommunikation
im Gesundheitswesen

Hannes Federrath
Sicherheit mobiler Kommunikation

Volker Hammer
Die 2. Dimension der IT-Sicherheit

Patrick Horster
Sicherheitsinfrastrukturen

Gunter Lepschies
E-Commerce und Hackerschutz

Patrick Horster, Dirk Fox (Hrsg.)
Datenschutz und Datensicherheit

Michael Sobirey
Datenschutzorientiertes
Intrusion Detection

*Rainer Baumgart, Kai Rannenberg,
Dieter Wähner und Gerhard Weck (Hrsg.)*
Verläßliche Informationssysteme

*Alexander Röhm, Dirk Fox,
Rüdiger Grimm und Detlef Schoder (Hrsg.)*
Sicherheit und Electronic Commerce

Dogan Kesdogan
Privacy im Internet

Inhaltsverzeichnis

Vorwort

Von wilden getwergen hân ich gehöret sagen,
si sîn in holn bergen, und daz si ze scherme tragen
einez, heizet tarnkappen, von wunderlîcher art:
swerz hât an sîme lîbe, der sol vil gar wol sîn bewart

Nibelungenlied [Henn77]

Unsichtbar oder zumindest unbeobachtbar zu sein, ist, wie im Nibelungenlied dargestellt, ein Menschheitstraum. Da sich in der wirklichen Welt dieser Traum nicht einfach wie in der Welt der Mythologie erfüllen läßt, versuchen Menschen, dieses Bedürfnis wenigstens für einige Lebenssituationen zu erreichen. Es ist zum Beispiel eine übliche Gepflogenheit, in geschlossenen Räumen, unbeobachtbar vor der Außenwelt zu debattieren oder zu verhandeln.

Für die virtuelle Welt (Kommunikationsnetze) existieren Techniken[1], die das gleiche Ziel haben. Menschen müssen jedoch hierfür nicht weite Wege zurücklegen, um an geheim gehaltenen Orten vertraulich „unter vier Augen" zu kommunizieren. Das Ziel dieser Arbeit ist, Anonymisierung und Unbeobachtbarkeit als *Netzdienst* anzubieten, so daß Personen einen einfachen und flexiblen Zugriff auf diese Dienste haben.

Es ist kein Zufall, daß im Nibelungenlied die Zwerge die Tarnkappe besitzen. Die Tarnkappe verleiht den Schwachen und Kleinen soviel Macht, daß sie sich selbst schützen können. Was ist aber, wenn die Macht mißbraucht wird? Dies ist ein großes Problem, da es einerseits technisch möglich ist, absolute Anonymität zu gewährleisten (siehe Kapitel 4), und anderseits die absolute Anonymität organisatorisch (z.B. durch Schlüsselhinterlegung) aufzuheben, ohne daß dies bemerkt wird. Eine einfache Antwort auf diese Frage ist mir nicht bekannt. Es gibt jedoch zahlreiche Veröffentlichungen zu diesem Aspekt der Vertraulichkeit[2] (siehe [CAC93, CAC94, HuPf96, Rive98, Pfit98]). In dieser Arbeit wird auf diesen umstrittenen Punkt nicht näher eingegangen.

---

1. Es ist hervorzuheben, daß die Tarnkappe im Nibelungenlied als ein technisches Hilfsmittel eingesetzt wird.
2. Aktuell wird aus dem Bereich der Vertraulichkeit der Einsatz der Kryptographie diskutiert. Von der Technik her gesehen schützen Anonymisierungsverfahren nicht nur den Inhalt der ausgetauschten Daten, sondern auch den Kommunikationsumstand (wer mit wem). Die Argumente bei der Kryptokontroverse gelten somit auch für die Anonymisierung.

Danksagung

Ich danke Prof. Dr. Andreas Pfitzmann für seine unermüdliche Aufmerksamkeit. Die vorliegende Arbeit profitiert von seiner Person und insbesondere von seiner Dissertationsarbeit.

Dank gebührt auch meinem ersten Gutachter und langjährigen Chef Prof. Dr. Otto Spaniol für seine fundamentalen Diskussionen (meist Konfrontationen) im Bereich Sicherheit. Ich danke ihm, daß ich diese Arbeit an seinem Lehrstuhl anfertigen durfte und dabei wissenschaftliche Freiheiten genoß.

Ich danke Prof. Dr. Günter Müller für seine väterliche Freundschaft und moralische Unterstützung. Insbesondere verdanke ich ihm die Finanzierung dieser Arbeit, da er das Ladenburger-Kolleg der Daimler Benz Stiftung ins Leben rief.

Prof. Dr. Boudewijn R. Haverkort danke ich für die Durchsicht des mathematischen Teils dieser Arbeit.

Die sogenannten Heimarbeiter Herbert Damker, Dr. Hannes Federrath, Dr. Kai Rannenberg, Reiner Sailer und Michael Schneider und viele Neue, die im Laufe der Zeit zu unserer Gruppe stießen (wie Anja Jerichow) schufen eine sehr angenehme und freundschaftliche Atmosphäre. Die vielen gemeinsamen Veröffentlichungen belegen dies (siehe [Frei98]). Es soll hier die Rolle des FoBS[1] und dessen Eigentümers nicht verschwiegen werden. Die Räume des FoBS standen bei unseren gemeinsamen Arbeitstreffen tagelang als Wohn-, Arbeits- und Schlafraum zur Verfügung.

Zahlreiche Studenten haben durch fruchtbare Zusammenarbeit diese Arbeit gefördert. Die sogenannte NDM-Gruppe, bestehend aus Jan Egner, Volker Siedt und Jeffry Sharif, hat mit ihren Untersuchungen und Ideen viele Beiträge geliefert, die in dieser Arbeit umgesetzt worden sind. Viele Ideen und Ergebnisse, die leider nicht in dieser Arbeit integriert werden konnten, stammen aus der Zusammenarbeit mit der Mobilfunkgruppe: Xavier Fouletier, Willy Eimler, Klaus Junghärtchen, Andrei Trofimov und Margarethe Zywiecki.

Meinem Kollegen und Freund Roland Büschkes bin ich für seine konstruktive Kritik und Korrektur dieses Manuskripts zu Dank verpflichtet. Dank gebührt auch Stefan Eßer, Daniela Genius, Tobias Haustein und Peter Reichl, die weitere Lektorien übernommen haben.

Ganz besonders bedanke ich mich bei meiner Ehefrau Jadigar, die meine engste Beraterin, Freundin und somit meine größte Stütze ist.

Dogan Kesdogan

---

1. Forschungs- und Begegnungszentrum Sachsen oder kurz Andreas Pfitzmanns Wohnung.

KAPITEL 1

Sicherheit in offenen Umgebungen

Bis vor kurzem wurden Computer- und Telekommunikationsnetze für unterschiedliche Klassen von Anwendungen genutzt. Erstere z.B. für E-Mail oder Filetransfer und letztere für Telefonie und Telefax. Heutzutage verschmelzen die beiden Welten; das World Wide Web (WWW) und die Mobilkommunikation revolutionieren die Welt der Kommunikation. Infolgedessen haben die Computer- und die Telekommunikationsindustrie ihre Kräfte gebündelt, damit *jeder überall* und *immer* auf *alle möglichen Dienste* zugreifen kann (anyone, anywhere, anytime, any service). Es wird erwartet, daß Millionen von Menschen, ob zu Hause oder unterwegs, die digitalen Netze für die unterschiedlichsten Arten von Anwendungen nutzen werden. Einige dieser Dienste sind private oder geschäftliche Korrespondenzen, Bankgeschäfte, Einkaufen (Teleshopping), Telearbeiten (Teleworking), Gesundheitswesen (Beratung) und Teleteaching. Da die Realisierung dieser Anwendungen technisch möglich ist, bleibt die Frage zu klären, ob die Menschen diese Dienste auch nutzen werden.

Die entscheidende Voraussetzung für die Akzeptanz der neuen Dienste ist, daß diese eine vergleichbare Mindestfunktionalität erbringen wie die vorherigen, die die Menschen als garantiert gegeben betrachten werden. Unter diesen Voraussetzungen ist die Vertraulichkeit (privacy) eine der wesentlichen Anforderungen. Es muß garantiert sein, daß Informationen unbeobachtbar und/oder anonym gesendet werden können, wenn eine der Kommunikationsparteien dies wünscht (und es nicht verboten ist).

In diesem Kapitel werden anhand eines Netzmodells (*offene Umgebung*) die Anforderungen an die Sicherheitstechnik betrachtet. Das Netzmodell orientiert sich am Internet, da dieses Netz von vielen als „das Modell für die Kommunikationstechnik der entstehenden Informationsgesellschaft gesehen wird und sogar damit gleichgesetzt wird" [MüPf97].

Allgemeine Schutzanforderungen an die offene Umgebung konkretisieren die Betrachtung und ermöglichen die Einordnung der vorliegenden Arbeit in die übrigen Arbeiten im Bereich der Sicherheit.

1.1 Offene Umgebung

Mit dem Begriff **Internet** werden direkt die Begriffe *Globalisierung und Informationszeitalter* assoziiert und unter dem Begriff *globales Dorf* zusammengefaßt. Der Begriff des globalen Dorfs drückt die Möglichkeiten des Internets aus, in dem jeder mit jedem weltweit digitale Informationen austauschen kann. Diese Daten können aus einfachen E-Mails (nur Text) oder aus Multimediadaten (Text, Ton und Bild) bestehen und an einzelne Personen, an spezielle Meinungs- und Interessengruppen oder an den gesamten Internetbenutzerkreis adressiert werden[1]. Neben diesen bereits existierenden Möglichkeiten hat das Internet eine zukunftsweisende Architektur: Das globale Internet funktioniert auf der Basis gleichberechtigter Rechner. Es gibt z.B. keine *Vermittlungszentralen*, sondern jeder Rechner kann im Prinzip die Rolle der Quelle-, Ziel- oder der Vermittlungsstation einnehmen.

Die zukünftigen Netze (siehe z.B. UMTS oder MBS [SFH95]) werden viele einzelne Netzbetreiber haben, um weltweit alle möglichen Dienste jedermann verfügbar zu machen. Zusätzlich zu den verschiedenen Netzbetreibern werden mehrere Dienstanbieter weltweit ihre Dienste anbieten und die Abrechnung durch unabhängige Abrechnungseinheiten vornehmen lassen. Somit ähneln sich die Strukturen der zukünftigen Netze und des bereits existierenden Internet. Die Eigenschaften solcher Netze sind:

- Heterogenität der Netze,
- offene, weltweite Diensteangebot, und
- Komplexität der Dienste und Netze.

Netze, die die obigen Eigenschaften aufweisen, sollen im weiteren als offene Umgebungen bezeichnet werden.

Geschlossene Umgebungen bilden das Gegenstück zu offenen Umgebungen und haben die folgenden Eigenschaften:

- Die Anzahl der Benutzer ist gering und zu jedem Zeitpunkt bekannt.
- Die Identität aller Benutzer ist überprüfbar bekannt.

Beispiele für geschlossene Umgebungen sind z.B. lokale Netze oder ein geschlossener Bekanntenkreis (geschlossene Benutzergruppe).

1.1.1 Fehlende Sicherheit verhindert Anwendungen

Trotz der vorhandenen Infrastruktur spielt das heutige Internet längst noch nicht die Rolle, die ihm beigemessen wird. Wichtige Daten werden nicht über das Internet ausgetauscht. Es dient z.B. für Werbung oder Produktinformationen, aber Bestellung, Bezahlung, etc. werden meist

---

1. Im Moment gibt es etwa 100 Millionen Internet-Nutzer weltweit [Info98], [Ruep98].

noch außerhalb des Netzes getätigt. Das größte Hindernis bei der Verwirklichung der Visionen ist die fehlende Sicherheit und Verbindlichkeit (juristische Rahmenbedingungen) für eine verläßliche Kommunikation. Folgende Sicherheitsfunktionalitäten müssen dazu eingeführt werden:

- Vertrauliche Nachrichten dürfen nicht Unbefugten in die Hände fallen.
- Nachrichten dürfen während des Transports nicht verändert werden.
- Es muß nachweisbar sein, daß eine Nachricht x von einer Instanz gesendet oder empfangen wurde.

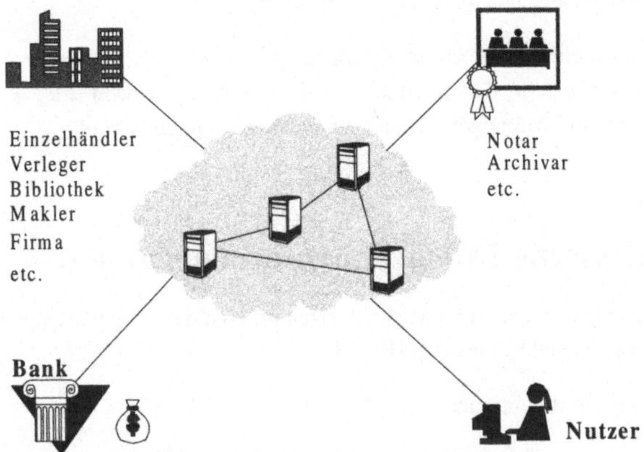

Abbildung 1-1: Offene Umgebung [Waid97]

Die obigen, allgemeinen Anforderungen an die Sicherheit können in einer offenen Umgebung (siehe Abbildung 1-1) nicht ausschließlich zentral von einer Organisation gelöst werden, da die entsprechenden Akteure sich z.B. in verschiedenen Ländern befinden können. Offensichtlich ist hier nur eine dezentrale Lösung möglich. Sicherheitsprotokolle, die die Anforderungen der dezentralen und offenen Kommunikation erfüllen, müssen

- bedarfsorientiert,
- effizient und
- mehrseitig sicher

sein. Der erste Punkt bezieht die Vielfalt der Anwendungen ein. Es muß je nach Anwendung, z.B. Geldtransfer oder einfache Korrespondenz, die entsprechende Sicherheitsstufe und somit der entsprechende Technikaufwand gewählt werden können.

Die allgemeine Effizienz der Verfahren berücksichtigt die globale Struktur des Netzes. Verfahren, die insbesondere mehrere Teilnehmer einbeziehen, müssen die Netzressourcen berücksichtigen, da hier die Anzahl der Beteiligten[1] sehr schnell die aus der Netzkapazität resultierende maximale Anzahl an Teilnehmern übersteigen kann.

Der Begriff Mehrseitigkeit umfaßt die vielfältigen Beziehungen zwischen verschiedenen Akteuren, die auch bei einer einfachen Nachrichtenübertragung existieren. Beispiele sind Netzbetreiber, Dienstbereitsteller, Abrechnungseinheiten und regulierende Einrichtungen [FePf97]. Mehrseitige Sicherheit versucht, die existierenden Interessen der Akteure, die auch gegensätzlich sein können, beim Entstehen einer Kommunikationsverbindung auszudrücken und im Konfliktfall auszuhandeln (siehe [MüPf97]).

Im Kapitel 8 wird unter dem Namen *Privacy Enhancing Tools* (PET) eine Testimplementation der Verfahren vorgestellt, die in dieser Arbeit untersucht werden. PET wurde insbesondere nach den obigen Anforderungen für die offene Umgebung entwickelt.

1.2   Technische Datenschutzanforderungen

Für eine allgemein sichere Nutzung des Netzes müssen die folgenden technischen Schutzanforderungen[2] berücksichtigt werden [Pfit93]:

Vertraulichkeit (confidentiality)

c1   *Nachrichteninhalte* sollen vor allen Instanzen außer dem Kommunikationspartner vertraulich bleiben.

c2   *Sender* und/oder *Empfänger* von Nachrichten sollen voreinander *anonym* bleiben können, und *Unbeteiligte* (inkl. Netzbetreiber) sollen *nicht in der Lage* sein, sie *zu beobachten*.

c3   Weder potentielle Kommunikationspartner noch Unbeteiligte (inkl. Netzbetreiber) sollen ohne Einwilligung den *momentanen Ort* einer mobilen Teilnehmerstation bzw. des sie benutzenden Teilnehmers ermitteln können.

Integrität (integrity)

i1   Fälschungen von *Nachrichteninhalten* (inkl. des *Absenders*) sollen erkannt werden.

i2   Gegenüber einem Dritten soll der Empfänger *nachweisen* können, daß Instanz x die Nachricht y *gesendet hat*.

i3   Der Absender soll das *Absenden* einer Nachricht mit korrektem Inhalt *beweisen* können, möglichst sogar den Empfang der Nachricht.

---

1. Insbesondere, wenn die Beteiligung für jeden möglich ist.
2. Für andere Schutzanforderungen siehe [CTC92, RDLM95, RPM96].

i4   Niemand kann dem Netzbetreiber *Entgelte* für erbrachte Dienstleistungen vorenthalten. Umgekehrt kann der Netzbetreiber nur für korrekt erbrachte Dienstleistungen Entgelte fordern.

Verfügbarkeit (availability)

a1   Das Netz ermöglicht Kommunikation zwischen allen Partnern, die dies *wünschen* (und denen es nicht verboten ist).

Die Schutzmechanismen für c1, i1, i2 und i3 bestehen aus der Verwendung von Kryptographie, Authentifikationscodes oder digitalen Signaturen in Verbindung mit elektronischen Notaren. Die konkreten Verfahren dieser Schutzmechanismen werden in der Standardliteratur (siehe [VoKe83, DaPr84, Denn82, Schn96, MOV97]) beschrieben.

In der letzten Zeit existiert ein großes Interesse an digitalen Zahlungssystemen (Schutzanforderung i4). Für eine aktuelle Zusammenfassung der bekannten Verfahren siehe [AJSW97].

Zum Schutz der Verfügbarkeit a1 werden Techniken aus dem Bereich Fehlertoleranz eingesetzt. Diese Techniken stehen orthogonal zu den übrigen Schutzanforderungen und werden hier nicht weiter berücksichtigt (siehe für Verfügbarkeit [Echt90]).

In dieser Arbeit sollen die Grundverfahren für c2 und c3 untersucht werden. Zum Schutz der Sender- und Empfängeridentität und des momentanen Orts werden Anonymisierungsverfahren[1] eingesetzt. Wie in der Abbildung 1-2 dargestellt, benötigt man zur Vermittlung von Daten Adreßinformationen, die in einem Adreßteil (*Header* des Pakets) dem Datenteil zugefügt werden müssen, um die Nachricht von A nach B korrekt zu vermitteln. Diese Adressen können ohne weiteres mit der Identität der Teilnehmer in Verbindung gebracht werden, so daß die Kommunikationsbeziehung in heutigen Netzen durchweg offen vorliegt.

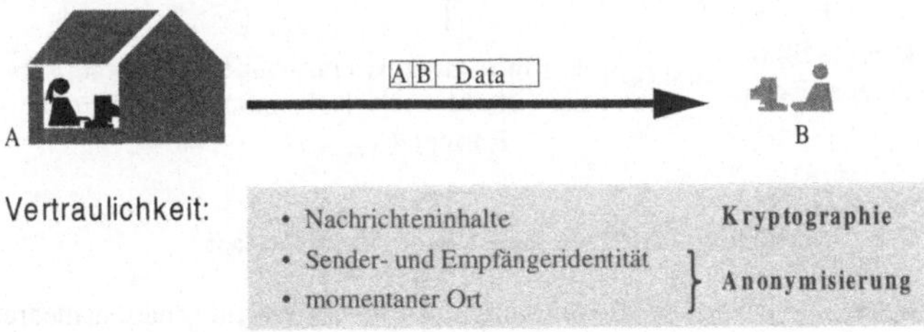

Abbildung 1-2: Schutzanforderung Vertraulichkeit und entsprechende Schutztechniken

---

1. Präziser: Techniken zur Sicherstellung der Anonymität und Unbeobachtbarkeit.

Bei der Mobilkommunikation muß zusätzlich, vor der Vermittlung der Nachricht, der aktuelle Aufenthaltsort des Teilnehmers ermittelt werden. In diesem Prozeß wird neben der Kommunikationsbeziehung auch der Aufenthaltsort des Teilnehmers sichtbar [Pfit93]. Die Techniken zum Schutz der Kommunikationsbeziehung und zum Schutz des Aufenthaltsorts nutzen jedoch auch die Grundverfahren (Anonymisierungsverfahren), die in dieser Arbeit untersucht werden (siehe für Schutz des Aufenthaltsortes [Fede98, KRJ98]).

1.3 Der Bereich Vertraulichkeit: Kryptographie versus Anonymisierung

In der Kryptographie wird die Sicherheit in zwei Modellwelten untersucht und bewiesen. Dieses sind die informationstheoretische und die komplexitätstheoretische Modellwelt. Alle Verfahren, die weder in die erste noch in die zweite Klasse gehören, werden zur Klasse der praktischen Sicherheit gezählt.

In dieser Arbeit soll der zweite Bereich der Vertraulichkeit (Anonymität und Unbeobachtbarkeit) ähnlich der in der Kryptographie existierenden Unterteilung strukturiert und untersucht werden (siehe Abbildung 1-3).

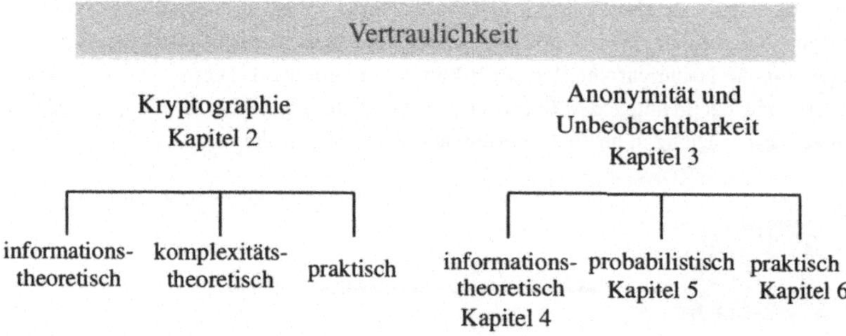

Abbildung 1-3: Modellwelten in der Vertraulichkeit

Die Kryptographie verwendet bei der Erweiterung des Modells der informationstheoretischen zur komplexitätstheoretischen Sicherheit die Komplexitätstheorie (insbesondere die Zahlentheorie). Im Bereich der Anonymität und Unbeobachtbarkeit wird dazu in dieser Arbeit erstmals die Warteschlangentheorie benutzt.

1.3.1 Systematik der vorgestellten Verfahren

Kapitel 2 stellt die Kryptographie vor und legt somit die Strukturgrundlage für die weiteren Untersuchungen fest.

Bisher ist für die Anonymität und Unbeobachtbarkeit nur die informationstheoretische Modellwelt bekannt (siehe [Pfit90, Pfit97]). Kapitel 3 erweitert diese Modellwelt gemäß den aus der Kryptographie bekannten Grundlagen.

In Kapitel 4, Kapitel 5 und Kapitel 6 werden Anonymisierungsverfahren vorgestellt und ihre Schutzfunktionalität gemäß den entsprechenden Modellwelten aus Kapitel 3 bewiesen.

Schutz der Nachrichteninhalte

Es gibt zwei Sicherheitsmodelle, die in der Kryptographie[1] verwendet werden: die informationstheoretische und die komplexitätstheoretische Modellwelt. Erstere beschäftigt sich mit der perfekten bzw. absoluten Sicherheit, letztere mit einer Sicherheit, die für die praktische Anwendung als hinreichend gilt. Vom Standpunkt der Sicherheit ist es wünschenswert, immer die Technik einzusetzen, die einen höheren Sicherheitsgrad gewährleistet, vom Standpunkt der Praktikabilität jedoch führen oft die „schwächeren" Sicherheitsanforderungen zu einem „besseren" System [Pfit90].

Die informationstheoretische Modellwelt geht auf Claude Shannon zurück, der als Begründer der modernen Kryptographie gilt. Die theoretischen Grundlagen sind in [Shan48, Shan49a, Shan49b, Hell77, BeBr88] zu finden. Da dem Angreifer in dieser Modellwelt uneingeschränkte Ressourcen (Zeit und Rechenkapazität) zugebilligt werden, ist der theoretische Ansatz elegant und zugleich auch wohlstrukturiert, hat jedoch für die praktische Anwendung in offenen Systemen nachteilige Eigenschaften. Dieser Zusammenhang zwischen eleganter Theorie und Nachteilen in der praktischen Anwendung soll hier als Analogon für die Anonymisierung gezeigt werden.

In der komplexitätstheoretischen Modellwelt werden dem Angreifer nur begrenzte Ressourcen zugebilligt, und zwar von der Art, daß der Angreifer kein NP-vollständiges Problem effizient (also in P) lösen kann. Ferner ist der Angreifer bei seinen Angriffen durch die physischen Ressourcen des Universums beschränkt [GoMi84, DiHe76, DaPr84]. Da die Frage, ob P=NP oder P≠NP, noch ein offenes und ungelöstes Problem in der Komplexitätstheorie darstellt, beruhen die theoretischen Strukturen dieser Modellwelt auf unbewiesenen Annahmen. Neben diesen Nachteilen hat die komplexitätstheoretische Modellwelt aber auch einen für praktische Zwecke entscheidenden Vorteil: sie ermöglicht einem Teilnehmer eine flexible und sichere

---

1. Kryptographie ist die Wissenschaft der „Verheimlichung" von Nachrichteninhalten, Kryptoanalyse versucht diese zu brechen und mit Kryptologie wird die Gesamtheit dieser Wissenschaft bezeichnet.

Kommunikation in offenen Umgebungen durch die Verwendung von öffentlichen Schlüsseln (Public-Key-Verfahren).

Neben diesen Modellen gibt es in der Kryptographie eine große Anzahl Verfahren, die zu keiner der beiden Modellwelten gehören. Die Sicherheit dieser Verfahren ist durch keine Theorie abgedeckt, und sie gelten so lange als sicher, wie sie nicht „gebrochen" werden. Dieser Ansatz wird als *praktische Sicherheit* bezeichnet. Die meisten zur Zeit benutzten Verfahren (z.B. DES) gehören zu dieser Klasse.

Ordnet man die kryptographischen Verfahren nach ihrer Sicherheit, so ergeben sich die folgenden Klassen:

- Informationstheoretische Sicherheit
- Komplexitätstheoretische Sicherheit
- Praktische Sicherheit.

Eine genauere Unterteilung findet sich in [MOV97].

2.1 Grundbaustein Kryptographie

Die Kryptographie hat zum Ziel, Nachrichteninhalte vor Unbefugten (Angreifern) geheimzuhalten (Nachrichtengeheimhaltung, Konzelation), Nachrichtenveränderungen durch Unbefugte erkennbar zu machen und sicherzustellen, daß eine Nachricht wirklich von einem bestimmten Absender stammt. Die letzten beiden Ziele dienen zur Wahrung der Integrität der Nachricht und sollen hier nicht weiter betrachtet werden (siehe Kapitel 1.2).

Vertrauliche Informationen können auf verschiedenen Medien übertragen bzw. gespeichert werden und je nach Anwendung eine verschiedene Anzahl von Teilnehmer einbeziehen. Beispiele für das vielfältige Anwendungsspektrum sind Tagebuch, Email, Telefongespräch und Fernsehübertragung. Dabei soll die verschlüsselte Information nur einem oder mehreren Befugten, die einen geheimen Schlüssel besitzen, zugänglich sein. Unbefugte (Angreifer), die den Schlüssel nicht besitzen, sollen keine verwertbaren Erkenntnisse über die geschützte Information gewinnen können. Die Anwendung der Kryptographie soll einfach sein und von jedermann durch die Verwendung von entsprechenden Schlüsseln und Algorithmen durchführbar sein. Umfassende und oft zitierte Grundanforderungen an Kryptosysteme finden sich unter dem Namen *Kerckhoffs' desiderata*, die Kerckhoffs 1883 formulierte (siehe mehr dazu in [MOV97]).

Formal beschreibt man die Verschlüsselung einer Information durch eine Abbildung (Chiffrierung) $ver(k,x)$: $x \rightarrow s$ der Klartextinformation x auf den Schlüsseltext s und die zugehörige

Umkehrabbildung ent(k',s): $s \rightarrow x$ (Dechiffrierung) mit den entsprechenden Schlüsseln k und k'.

Definition 2.1: *Kryptosystem* [Stin95]

Ein Kryptosystem besteht aus einem Sechstupel (N, S, K, K', *VER*, *ENT*) mit den folgenden Bestandteilen:

- Nachrichtenraum N
- Schlüsseltextraum S
- Schlüsselräume K, K'
- Funktionenraum *VER*, der Injektionen von $N{\times}K$ auf S enthält
- Funktionenraum *ENT*, der die zu *VER* inversen Funktionen enthält.

Für jedes $k \in K$ existiert ein $k' \in K'$ und ein Verschlüsselungsalgorithmus ver()$\in$ *VER* sowie ein entsprechender Entschlüsselungsalgorithmus ent()$\in$ *ENT*. ver(k,x): $N \rightarrow S$ und ent(k',s): $S \rightarrow N$ sind Funktionen mit der Eigenschaft ent(k',ver(k, x)) = x für jeden Klartext $x \in$ N.

Bei der Anwendung der Kryptographie werden zunächst durch einen Schlüsselgenerierungsalgorithmus die Schlüssel $k \in K$ und $k' \in K'$ erzeugt. Die zu schützende Information $x \in N$ wird durch eine Abbildungsfunktion ver(k, x) auf einen Schlüsseltext $s \in S$ abgebildet. Es ist durch die Bedingung ent(k',ver(k, x)) = x sichergestellt, daß ver(k, x) eine injektive Abbildung ist und deshalb eine Umkehrfunktion ent(k', s) besitzt.

Der Nachrichtenraum N, der Schlüsseltextraum S, die Schlüsselräume K und K', die Funktionenräume *VER* und *ENT* sowie der Schlüsselgenerierungsalgorithmus sind jedem bekannt (somit auch dem Angreifer). Die Sicherheit eines Kryptosystems beruht auf den entsprechenden Schlüsseln, die nur den Befugten bekannt sein dürfen.

2.1.1 Beispiel einer Kryptoanalyse[1]

Da die Schlüsselräume dem Angreifer bekannt sind, kann die Wahrscheinlichkeit $P(k)$ für die Wahl eines bestimmten Schlüssels $k \in K$ berechnet werden (statistische Auswertung). Weiterhin sei eine Wahrscheinlichkeitsverteilung des Klartextraumes N einer benutzten Sprache gegeben (z.B. ist die Häufigkeit des Vokals „e" in der deutschen Sprache 17,4%). Somit kennt jeder $P(x)$ und $P(k)$ für jedes $x \in N$ und $k \in K$. Es gilt die sinnvolle Annahme, daß die Wahrscheinlichkeiten $P(x)$ und $P(k)$ statistisch unabhängig sind. Diese Annahme gilt bei allen betrachteten Anwendungen, da üblicherweise der Schlüssel unabhängig vom Klartext im Voraus ausgetauscht wird. Unter Benutzung des Bayes-Theorems erhält man eine Wahrscheinlichkeitsaussage über einen Klartext x bei Beobachtung eines Schlüsseltextes s.

---

1. Entnommen aus [Stin95].

$$P(x|s) = \frac{P(x) \cdot P(s|x)}{P(s)} \qquad mit\ P(s) > 0. \tag{2.1}$$

Zur Berechnung von $P(s)$ wird die Menge $ENC(k) = \{s \mid s=\mathrm{ver}(k, x)\ ;\ x \in N\}$ definiert. $ENC(k)$ (encryption) ist die Menge der Schlüsseltexte, wenn als Schlüssel k gewählt wird. Die Wahrscheinlichkeit eines bestimmten Schlüsseltextes s ergibt sich somit zu:

$$P(s) = \sum_{\{k \mid s \in ENC(k)\}} P(k)P(ent(k, s)). \tag{2.2}$$

Die bedingte Wahrscheinlichkeit, daß s bei gegebenem Klartext x der Schlüsseltext ist, berechnet sich über die Summe der $P(k)$-Wahrscheinlichkeiten:

$$P(s|x) = \sum_{\{k \mid x = ent(k, s)\}} P(k). \tag{2.3}$$

Da, wie angenommen, $P(k)$ und $P(x)$ bekannt sind, kann jeder (somit auch der Angreifer) das Kryptosystem analysieren.

Beispiel: Sei $N = \{u,e\}$ mit $P(u)=1/4$ und $P(e)=3/4$. $K = \{k_1, k_2, k_3\}$ mit $P(k_1)=1/2$ und $P(k_2)=P(k_3)=1/4$. Sei $S = \{1, 2, 3, 4\}$. Das Kryptosystem sei durch die Tabelle 2-1 gegeben:

	u	e
k_1	1	2
k_2	2	3
k_3	3	4

Tabelle 2-1:

Die Menge $ENC(k)$ wird genau durch die Zeilen der Tabelle 2-1 wiedergegeben. $P(e|2)$, d.h. die Wahrscheinlichkeit des Klartextes „e", wenn das Chiffrat „2" abgefangen wurde, wird folgendermaßen berechnet:

Die Wahrscheinlichkeit, daß das Chiffrat „2" vorkommt, ist die Summe der Wahrscheinlichkeiten der Klartext- und Schlüsselkombinationen, die in einer „2" resultieren und somit nach Formel 2.2 $P(2)= P(k_1)P(e)+P(k_2)P(u)=7/16$. Bei gegebenem „e" ist die Wahrscheinlichkeit einer „2" $P(k_1)=1/2$. Insgesamt erhält man für $P(e|2)=6/7$. Die Wahrscheinlickeitsverteilung einer Sprache überträgt sich somit auf die Verteilung der Schlüsseltexte. Ersetzt der Angreifer die entsprechenden Buchstaben mit den entsprechenden Zahlen ähnlicher Häufigkeit, so führt der Angriff zum Erfolg.

2.2 Informationstheoretische Sicherheit

Soll die Vertraulichkeit der Nachrichteninhalte gegenüber einem in seinen Ressourcen unbeschränkten Angreifer für immer gewährleistet sein, d.h. der Angreifer erhält durch seine Analysen kein Wissen über den verschlüsselten Klartext, so spricht man von der *informationstheoretischen*, *absoluten* oder *perfekten Sicherheit*. Die allgemein übliche Definition für perfekte Sicherheit verlangt, daß das Wissen des Angreifers über die möglichen Klartexte $x \in N$ nach der Analyse gleich dem Wissen vor der Analyse sein soll, d.h. der Angriff bringt keinen Informationsgewinn:

Definition 2.2: *Perfekte Sicherheit*

Ein Kryptosystem wird als **perfekt sicher** bezeichnet, wenn $P(x|s)=P(x)$ für alle $x \in N$ und $s \in S$ gilt.

Bemerkung: $P(x)$ wird als die a-priori-Wahrscheinlichkeit eines Klartextes $x \in N$ bezeichnet und $P(x|s)$ als die a-posteriori-Wahrscheinlichkeit nach einem Angriff, d.h. nach der Analyse des Schlüsseltextes s.

Bezieht man die Definition auf die oben genannte Analyse, so bedeutet dies, daß die Wahrscheinlichkeitsverteilung der Sprache sich nicht in der Schlüsseltextverteilung wiederfinden darf. Da die Verschlüsselung eine Injektion von $N \times K$ auf S darstellt, kann diese Anforderung nur erreicht werden, wenn $k \in K$ besondere Eigenschaften erfüllt. Im nächsten Abschnitt werden diese Eigenschaften untersucht.

2.2.1 Informationstheoretischer Lösungsansatz

Angenommen, der Angreifer habe den Schlüsseltext $\bar{s}$ abgefangen. Da ein Verschlüsselungsalgorithmus eine injektive Abbildung ist, ist es für den zeitlich unbeschränkten Angreifer möglich, alle Klartext- und Schlüsselkombinationen zusammenzustellen, die der Bedingung $ver(k_i, x_i) = \bar{s}$ genügen.

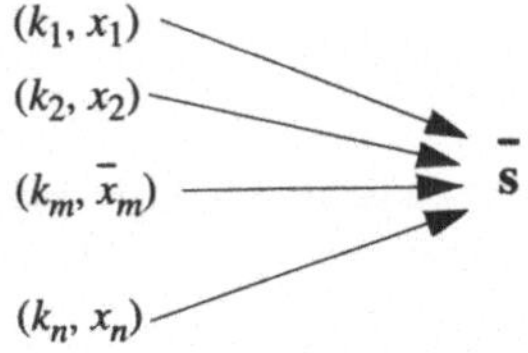

Abbildung 2-2: Alle möglichen Klartexte können einem Schlüsseltext entsprechen [Pfit97].

Es sei weiterhin angenommen, daß $\bar{x}_m$ der zu schützende Klartext ist. Nach der oben genannten Anforderung müssen alle alternativen Klartexte $x_i \neq \bar{x}_m$ (für $i=1...n$) bei der Analyse mit der gleichen Wahrscheinlichkeit wie $\bar{x}_m$ als Ursprungstext in Frage kommen, damit das Verfahren perfekt sicher ist. Da aber der Klartext x nicht der Gleichverteilung genügt, muß diese statistische Eigenschaft durch den verwendeten Schlüssel k erzeugt werden. Es zeigt sich, daß perfekte Sicherheit möglich ist, wenn zwei Bedingungen bzgl. des Schlüssels k erfüllt sind:

Bedingung 1: Bei der Verschlüsselung wird k aus dem Schlüsselraum K zufällig und gemäß einer Gleichverteilung gewählt, d.h. alle k_i's sind gleichwahrscheinlich.

Bedingung 2: Die Mächtigkeit des Schlüsselraums $|K|$ ist mindestens gleich der Mächtigkeit des Klartextraums $|N|$, d.h. es existieren mindestens genau so viele verschiedene k_i wie x_i.

Diese beiden hinreichenden Bedingungen werden von der Vernam-Chiffre unter Verwendung eines One-Time Pads k als Schlüssel erfüllt.

Vernam-Chiffre für Bitstrings

Die Schlüssel zum Ver- und Entschlüsseln sind bei der Vernam-Chiffre dieselben. Sie werden als k bezeichnet. Der Schlüsselgenerierungsalgorithmus erzeugt für jedes zu verschlüsselnde Bit x_i ein echtes Zufallsbit k_i, d.h. die Wahrscheinlichkeit der Erzeugung einer „0" oder „1" ist genau 1/2. Damit der Angreifer keine Information über die Nachrichtenlänge erhält, kann der Klartext auf eine vorher vereinbarte Standardlänge erweitert werden. Die Verschlüsselungsfunktion ist die bitweise XOR-Addition: $s_i=x_i\oplus k_i$ für $i=1 \ ..|x|$. Die Entschlüsselungsfunktion ist entsprechend: $x_i=s_i\oplus k_i$ für $i=1 \ ..|x|$. Durch die Wahl der Schlüssel sind insbesondere die obigen Bedingungen erfüllt.

Behauptung: Das Verfahren ist perfekt sicher.

Beweis: Nutze die obige Analyse (Seite 11) und die Entschlüsselungsfunktion $x=s\oplus k$. Nach Formel 2.2 gilt:

$$P(s) = \sum_{k_i \in \{0,1\}} P(k_i)P(ent(k_i, s)) = \sum_{k_i \in \{0,1\}} \frac{1}{2}P(s \oplus k_i)$$
$$= \frac{1}{2} \cdot \sum_{k_i \in \{0,1\}} P(s \oplus k_i)$$

Für ein bestimmtes Bit s ist das Summationsergebnis über alle möglichen k_i's gleich eins. Somit ist $P(s) = 1/2$ für alle möglichen $s\in S$.

Weiterhin gilt, daß für ein gegebenes x_i nur ein einziges k_i existiert, das x_i auf s_i abbildet. Die Wahrscheinlichkeit von k_i ist gemäß der Annahme 1/2. Somit gilt für $P(s|x) = 1/2$. Insgesamt gilt mit Formel 2.1 $P(x|s)=P(x)$. ♦

Im nächsten Abschnitt soll gezeigt werden, daß die Bedingungen 1 und 2 nicht nur hinreichend, sondern auch notwendig sind.

2.2.2 Notwendige Bedingungen für perfekt sichere Kryptographie

Aus der Formel 2.1 kann eine zur Definition der perfekten Sicherheit äquivalente Forderung aufgestellt werden: $P(s)=P(s|x)$ für alle $x \in N$ und $s \in S$. Hier ist zusätzlich noch die sinnvolle Annahme nötig, daß alle Schlüsseltexte vorkommen müssen (d.h. alle Schlüsseltexte s mit $P(s)=0$ müssen aus dem Schlüsselraum S weggestrichen werden). Daraus folgt: $P(s)=P(s|x)>0$ für alle $s \in S$. Also existiert für jedes $s \in S$ mindestens ein Schlüssel k, so daß $\mathrm{ver}(k,x)=s$ ist. Somit ist $|K| \geq |S|$. Da eine Verschlüsselung gemäß der Definition 2.1 eine injektive Abbildung ist, gilt $|S| \geq |X|$. Insgesamt folgt daraus die notwendige Bedingung $|K| \geq |X|$ für perfekt sichere Kryptosysteme. Da hier Mengen betrachtet werden, gilt, daß bei entsprechender Codierung[1] die Schlüssel genauso lang sein müssen (siehe obige Bedingungen).

Bis jetzt wurde die Ver- und Entschlüsselung bei einer einzigen Anwendung betrachtet. Es stellt sich die Frage, ob bei fortlaufender Anwendung der gleiche Schlüssel wieder verwendet werden kann.

Behauptung: Die Schlüssel müssen bei jeder Anwendung neu gewählt werden.

Beweis: Angenommen es gäbe ein Verfahren, das perfekte Sicherheit liefert und einen Schlüssel mehrmals benutzt. Sei k der Schlüssel, der zum Austausch der Nachricht x verwendet wird. Nach der obigen Betrachtung muß die Bedingung $|K| \geq |X|$ immer erfüllt sein. Sei $n \in \mathbf{Nat}$, so daß $|K| < n \cdot |X|$ gilt. Spätestens nach n Anwendungen von k auf n verschiedene Klartexte $x_1, x_2, ..., x_n$ mit $|x_i| \geq |x|$ für alle $i=1..n$ ist das Verfahren theoretisch unsicher.

Betrachte dazu die Konkatenation der vertraulich gesendeten n Klartexte $x = x_1 \circ x_2 \circ ... \circ x_n$. Definiere dazu den Nachrichtenraum X aller Texte der Länge $|x_1 \circ x_2 \circ ... \circ x_n|$. Die Betrachtung der Konkatenation ist legitim, da der Angreifer die Konkatenation der Schlüsseltexte analysieren kann. Somit gilt $|K| < |X|$, was in direktem Widerspruch zu der notwendigen Bedingung $|K| \geq |X|$ steht. ◆

Allgemein gelten für die perfekte Kryptographie somit die folgenden Bedingungen :

- Es müssen Schlüssel gewählt werden, die mindestens genauso lang sind wie die zu verschlüsselnde Klartextinformation.

- Die Schlüssel dürfen nur einmal verwendet werden, d.h. für jede Verschlüsselung muß ein neuer Schlüssel erzeugt werden.

Ein Kryptosystem, das die obigen Eigenschaften erfüllt, wird „one-time pad" genannt [Baue93].

---

1. Codierung bedeutet hier, daß durch n Bits 2^n Werte repräsentiert werden können.

Perfekte Sicherheit bedingt den Einsatz von symmetrischer Verschlüsselung

In der Kryptographie existieren zwei Klassen von kryptographischen Verfahren: *symmetrische* und *asymmetrische Kryptosysteme*. Die asymmetrischen Kryptosysteme verwenden ausschließlich Schlüssel mit maximaler fester Schlüssellänge und kommen aus diesem Grunde nicht zur Realisierung perfekter Sicherheit in Frage. Dies führt zwangsläufig zu den symmetrischen Verfahren.

Das Kennzeichen der symmetrischen Verfahren ist, daß jeder, der einen der Schlüssel besitzt, die gleichen Möglichkeiten hat. Die Vernam-Chiffre demonstriert diesen Zusammenhang, da hier dieselben Schlüssel zum Ver- und Entschlüsseln benutzt werden. Alle symmetrischen Verfahren erfüllen die sogenannte Symmetrie-Eigenschaft: Die Schlüssel zum Ver- und Entschlüsseln sind dieselben oder der eine läßt sich aus dem anderen ohne Probleme ermitteln. Es ist üblich, statt k und k', wie in der Definition 2.1 festgelegt, ein einziges Symbol k zu verwenden.

2.2.3 Sicherheit versus Anwendbarkeit der perfekten Sicherheit

Ein symmetrisches Kryptosystem für ein Kommunikationsszenario ist in Abbildung 2-3 schematisch dargestellt. Die Teile des Kryptosystems, die vor einem Angreifer geheim gehalten werden müssen, sind auf grauen Flächen abgebildet. Die restlichen Bestandteile des Kryptosystems sind allgemein bekannt, ohne daß dies die Sicherheit einschränkt.

Die Sicherheit beruht auf der Geheimhaltung des Schlüssels. Das bedeutet, daß vor, während und nach der Ver- und Entschlüsselung der Schlüssel in einem sogenannten physikalisch unausforschbaren Modul (engl. tamper resistant module) geschützt werden muß [PPS97].

Wollen zwei Personen vertraulich miteinander kommunizieren, muß der Schlüssel vorher auf einem *sicheren Kanal* ausgetauscht werden. Eine technische Umsetzung des sicheren Kanals kann nicht nur auf die symmetrische Kryptographie zurückgreifen, da hier eine reziproke Struktur existiert: Um vertraulich zu kommunizieren, d.h. um geheime Informationen auszutauschen, benötigt man eine Technik, die vorher die geheimen Schlüssel (wiederum vertrauliche Informationen) austauscht. Die Lösung muß somit außerhalb der symmetrischen Kryptographie liegen. Dieses Problem ist als *die Schlüsselverteilproblematik der symmetrischen Kryptographie* bekannt und soll im nächsten Abschnitt diskutiert werden.

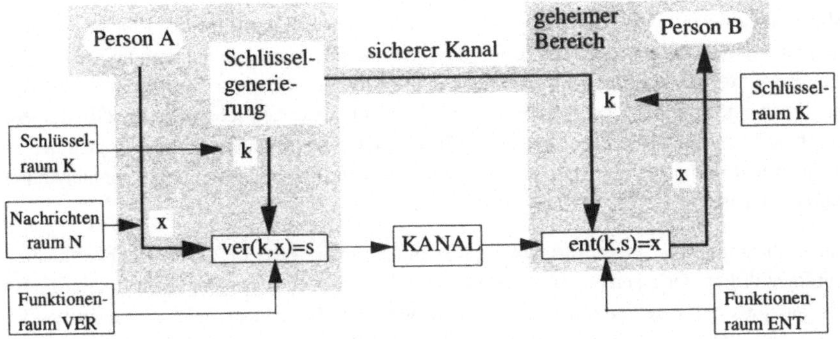

Abbildung 2-3: Schematik eines symmetrischen Kryptosystems

Will man eine Nachricht perfekt sicher über ein unsicheres Medium (Netz, Post etc.) senden, so darf ein Schlüssel nur ein einziges Mal verwendet werden. Dieser Schlüssel muß mindestens so lang sein wie der zu verschlüsselnde Klartext. Offensichtlich schränkt diese Tatsache die Praktikabilität des Verfahrens sehr ein.

Praktische Ansätze verwenden daher symmetrische Schlüssel mit konstanter Länge (typisch 64 oder 128 Bit[1]). Nach einem einmaligen Austausch kann ein Schlüssel für die Verschlüsselung beliebig langer Texte, Bilder etc. benutzt werden. Ein einfacher, aber rechenintensiver Angreiferalgorithmus reicht jedoch aus, um das Verfahren zu brechen: Der Test aller $2^{|k|}$ möglichen Schlüssel. Dieser Angriff wird als *vollständige Suche* (engl. exhaustive search) bezeichnet und benötigt im Mittel $2^{|k-1|}$ Tests. Da dies der einfachste Angriff ist, kann hier nur gehofft werden, daß keine intelligenteren Angriffe existieren, die mit weniger Aufwand die Kryptographie brechen können. Trotz dieser theoretischen Unsicherheit werden die praktischen Verfahren den perfekt sicheren Verfahren vorgezogen. Gründe hierfür sind [Pfit90]:

- Für $|k| > 100$ ist der Aufwand für das vollständige Suchen so groß, daß das Verfahren als praktisch sicher angesehen werden kann.

- Der Aufwand beim Schlüsselaustausch ist bei den perfekten Verfahren so hoch, daß das Risiko der unbefugten Kenntnisnahme dabei untragbar wird.

---

1. DES und IDEA sind entsprechende symmetrische Verfahren [Schn96].

2.3 Schlüsselverteilproblematik der symmetrischen Kryptographie

Abbildung 2-4 zeigt den Grundaufbau eines symmetrischen Systems für den Einsatz in einem offenen System. Da man in einem offenen System nicht erwarten kann, daß die Teilnehmer sich privat kennen, sind die Anforderungen an die Kryptographie klar umrissen. Es wird verlangt, daß eine spontane und flexible vertrauliche Kommunikation möglich sein soll: Teilnehmer A soll über ein öffentliches Register (z.B. das Netz) die Netzadresse eines Teilnehmers B erfragen und nach einem vertraulichen Schlüsselaustausch eine vertrauliche Kommunikation starten können.

Zur Realisierung solch einer Anforderung wird in der Praxis von der Existenz einer vertrauenswürdigen dritten Partei, einer „Trusted Third Party" (TTP), ausgegangen, die nach ihrer Funktion auch als Schlüsselverteilzentrale benannt wird. Ein Teilnehmer A kann danach bei der ersten Anmeldung am offenen System außerhalb des Netzes privat einen Schlüssel $k_{TTP,A}$ mit TTP vereinbaren. Will dann z.B. ein Teilnehmer A mit einer unbekannten Instanz B kommunizieren, dann fordert er einen Schlüssel von TTP an. TTP generiert einen Schlüssel $k_{A,B}$ und schickt ihn mit $k_{TTP,A}$ verschlüsselt an A und mit $k_{TTP,B}$ verschlüsselt an B. A und B können nun alle Nachrichten mit $k_{A,B}$ verschlüsseln und somit vertraulich kommunizieren. Es ist zu beachten, daß die Vertraulichkeit dabei durch die Fähigkeit der TTP, alle Nachrichten entschlüsseln zu können, eingeschränkt ist. Deshalb müssen die Teilnehmer der TTP uneingeschränkt (*unconditional*) vertrauen.

Durch die Anwendungsumgebung „offenes System" darf der Sicherheitsgrad der verwendeten Verschlüsselung nicht abgeschwächt werden. Dies ist aber in der Realität leider der Fall, da im allgemeinen

- Software ohne Haftbarkeitsgarantien,
- ungesicherte Rechner und
- unsichere Kommunikationsnetze (z.B. Internet)

benutzt werden. All diese Angriffe werden bei dieser Betrachtung ausgeklammert, indem angenommen wird, daß Vertrauensbereiche existieren. In solchen Vertrauensbereichen können überhaupt keine direkten oder indirekten Angriffe[1] (z.B. über sogenannte Trojanischen Pferde)

---

1. Solche Annahmen sind notwendig, da gegen einen „allmächtigen" Angreifer (beherrscht alle Einheiten) kein Schutz existieren kann (siehe [Pfit90] und [SFJ97]).

stattfinden. Dem Angreifer stehen hingegen jegliche Angriffsmöglichkeiten im Angriffsbereich (Kommunikationsnetz) offen.

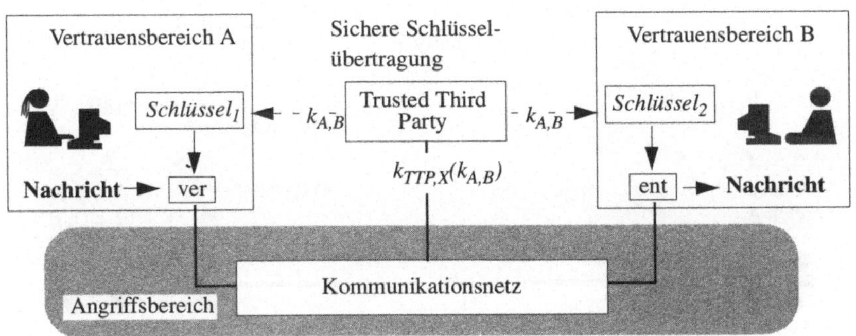

Abbildung 2-4: Schlüsselverteilung bei symmetrischen Kryptosystem

Notation: Statt $s=\mathrm{ver}(k,x)$ für die Verschlüsselung der Nachricht x mit dem gemeinsamen Schlüssel k der Instanzen A und B wird hier die kürzere Schreibweise $k_{A,B}(x)$ verwendet.

Verteilung des Vertrauens auf n unabhängige TTPs

Aus der Perspektive der mehrseitigen Sicherheit ist die Verwendung einer zentralen TTP, der man uneingeschränkt vertrauen muß, ein nicht akzeptabler Zustand. Wenn einer Instanz bei der Realisierung eines Verfahrens eine solche „Schlüsselposition" zukommt, ist das Verfahren unsicher, wenn diese Instanz korrupt ist. Eine in solchen Fällen häufig angewandte Methode ist die *gleichmäßige* Verteilung des Vertrauens auf n verschiedene Instanzen (TTPs). Mit gleichmäßig ist hier gemeint, daß die Sicherheit bereits gewährleistet sein soll, wenn lediglich eine einzige TTP nicht korrupt ist. Bei der Schlüsselverteilung ist so eine Verteilung möglich. Dies soll durch das folgende Beispiel [Pfit97] erläutert werden.

Jeder Teilnehmer X vereinbart bei der allerersten Anmeldung am offenen System vertraulich einen Schlüssel $k_{TTP(i),X}$ mit TTP_i, $i=1,2,3$. Dieser Schlüsselaustausch muß außerhalb des Netzes auf privater Basis in einem Vertrauensbereich erfolgen. Will nun Teilnehmer A mit einer unbekannten Instanz (Person) B kommunizieren, dann fordert er von allen zentralen Instanzen eine Neugenerierung von Teilschlüsseln an. Die 3 TTPs senden vertraulich die 3 Teilschlüssel k_1, k_2, k_3 an A und B, wobei die verwendeten Schlüssel 128 Bit lang sein mögen. A und B bilden die XOR-Summe $k_{A,B}=k_1 \oplus k_2 \oplus k_3$ und verwenden das Resultat als den eigentlichen Schlüssel. Arbeiten von den 3 betrachteten TTPs zwei mit dem Angreifer zusammen, so können sie $k_{A,B}$ nicht berechnen, da ihnen ein Teilschlüssel fehlt. Erfüllt der Teilschlüssel die gleichen

Anforderungen wie ein one-time pad (Gleichwahrscheinlichkeit), so ist diese Aufteilung perfekt sicher.

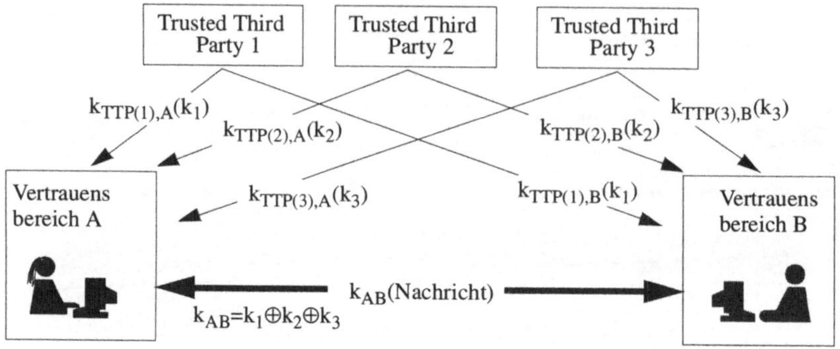

Abbildung 2-5: Verteilt realisierte TTP

Die Schlüsselverteilproblematik der symmetrischen Kryptographie

Die symmetrischen Schlüssel müssen vor der beabsichtigten Kommunikation über einen hinreichend gesicherten Kanal vereinbart bzw. ausgetauscht werden. Dies führt zu den folgenden Problemen:

- Ein sicherer Kanal könnte durch eine TTP oder eine Anzahl von TTPs realisiert werden. Die einbezogenen TTPs können[1] jedoch wegen der Symmetrieeigenschaft die vertrauliche Kommunikation zwischen A und B beliebig verfolgen und manipulieren.

- Eine spontane Kommunikation ist nicht möglich, da vor jeder Kommunikation ein solcher Schlüssel vereinbart bzw. ausgetauscht werden muß.

- Die Anzahl der auszutauschenden Schlüssel wächst quadratisch an. Es gilt: Bei n Personen müssen $n \cdot (n-1)/2$ Schlüssel ausgetauscht werden.

Ein Lösungsvorschlag besteht in Verfahren, die die Symmetrieeigenschaft nicht besitzen.

2.4 Asymmetrische Verfahren und die komplexitätstheoretische Sicherheit

Die komplexitätstheoretische Welt ist durch die Anforderung der Praxis begründet: Es wird ein asymmetrisches Verfahren benötigt, das die oben gezeigte Schlüsselverteilproblematik der

---

1. Wenn sie alle zusammenarbeiten.

symmetrischen Kryptographie löst [DiHe76]. Ein weiterer Grund ist die Einführung der digitalen Signaturen. Da diese nicht Gegenstand dieser Arbeit sind, wird auf die entsprechende Literatur verwiesen (z.B. [Pfit96]).

Im folgenden Kapitel werden die Konsequenzen der Asymmetrieforderung für die Sicherheit diskutiert.

2.4.1 Asymmetrische Kryptographie und die Schlüsselverteilung

Die Schlüsselverteilung kann vereinfacht werden, indem man zwei verschiedene Schlüssel c (chiffrieren) und d (dechiffrieren) benutzt, die nicht mit vertretbarem Aufwand voneinander herleitbar sind. Somit kann c öffentlich gemacht werden, und jeder Teilnehmer kann eine Nachricht mit c verschlüsseln. Aber nur derjenige, der den entsprechenden Dechiffrierschlüssel d besitzt, kann sie entschlüsseln. In der Abbildung 2-6 ist ein solches Kryptosystem dargestellt.

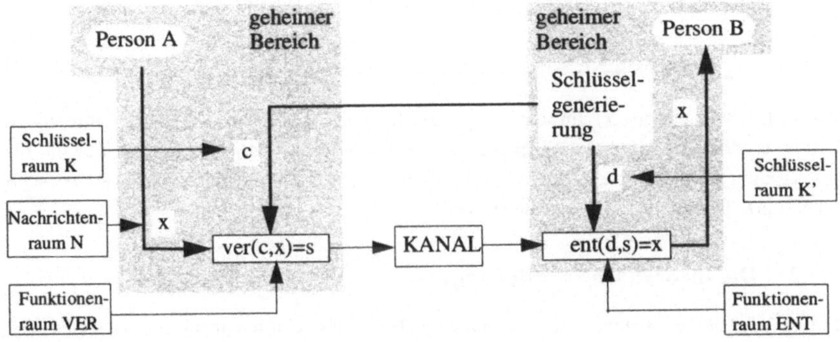

Abbildung 2-6: Schematik eines asymmetrischen Kryptosystems

Die Schlüsselverteilungsproblematik wird durch die Möglichkeit der einfachen Offenlegung eines Schlüssels gelöst. Jeder Teilnehmer kann sein eigenes Schlüsselpaar generieren und den öffentlichen Schlüssel c ohne Gefahr bekannt machen. Die Zuordnung der öffentlichen Schlüssel zu bestimmten Teilnehmern muß von einer dritten Instanz (TTP[1]) bestätigt werden, da sonst die Authentizität der Schlüssel nicht gewährleistet ist.

Schlüsselverteilzentralen verwalten die öffentlichen Schlüssel der Teilnehmer, die vorher auf ihre Identität überprüft wurden (z.B. durch den Personalausweis). Eine Schlüsselverteilzentrale verfügt über einen öffentlichen Schlüssel, der außerhalb des Netzes allen Teilnehmern

---

1. Es muß gewährleistet sein, daß die TTP ihrem Namen gerecht wird und für ihren Wirkungskreis Authentizität gewährleistet. In diesem Sinne kann die TTP auch verteilt realisiert werden.

bekannt gemacht werden muß (z.B. durch Printmedien). Bei einer Anfrage durch einen Teilnehmer sendet die Schlüsselverteilzentrale den entsprechenden öffentlichen Schlüssel über das Netz (siehe Abbildung 2-7). Damit diese Schlüsselübergabe rechtsgültig ist, wird eine digitale Signatur „sign(c_B)" des gesendeten Schlüssels „c_B" mitgesendet.

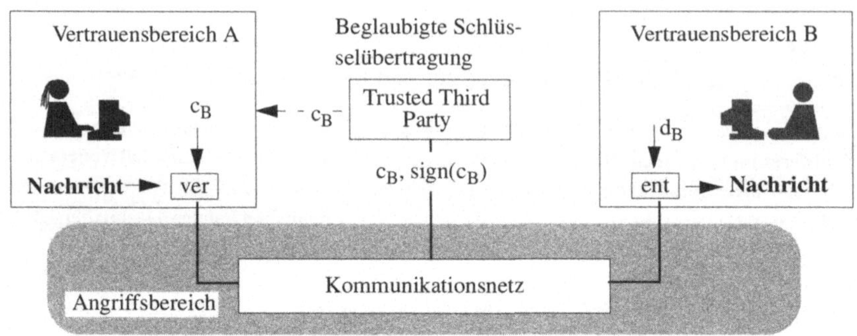

Abbildung 2-7: Schlüsselverteilung bei asymmetrischen Kryptosystem

Notation: Statt s=ver(c,x) für die Verschlüsselung der Nachricht x mit dem öffentlichen Schlüssel c der Instanz A wird hier die kürzere Schreibweise $c_A(x)$ verwendet. Für die Entschlüsselung wird analog $d_A(s)$ verwendet. Für die Signatur eines Textes x soll, wie oben schon eingeführt, die Notation sign(x) genutzt werden.

2.4.2 Die theoretische Forderung

Ein Beweis für die Existenz solcher asymmetrischer Schlüssel mit den geforderten Eigenschaften ist nicht bekannt. Die Asymmetrieeigenschaft wird durch eine mathematische Funktion f verallgemeinert [Baue93]:

Definition 2.3: *Einweg-Funktion mit Falltür (Trap-door one way function)*

Eine Einweg-Funktion mit Falltür ist eine Funktion f mit der Eigenschaft:

f: N $\rightarrow$ S soll effizient berechnet werden können.

f^{-1} soll nicht effizient (nur **schwer**) aus f hergeleitet werden können, außer wenn eine geheim zu haltende Zusatzinformation (Falltür, engl. trap-door) vorhanden ist.

Somit kann f veröffentlicht werden und der Verschlüsselung der Daten dienen. Nur der berechtigte Empfänger, der die Zusatzinformation besitzt, kann die Entschlüsselung vornehmen.

Es ist klar, daß die Sicherheit hier nicht gegen einen unbeschränkten (bzgl. seiner Rechenressourcen) Angreifer gelten kann, da schon bei der formalen Einführung die Berechenbarkeit eine Rolle spielt.

2.4.3 Der komplexitätstheoretische Lösungsansatz

In der Komplexitätstheorie kann die obige Forderung nach einer Einweg-Funktion mit Falltür konkretisiert werden. In der Definition 2.3 werden die Berechenbarkeit von f und f^{-1} durch die Begriffe „effizient" und „schwer" umschrieben. Aus der folgenden Betrachtung können die jeweiligen komplexitätstheoretischen Klassen direkt abgeleitet werden:

- Das Ver- und Entschlüsseln soll effizient sein, d.h. die Berechnungen sollen in polynomieller Zeit erfolgen (Komplexitätsklasse P).

- Der einfachste Angriff *erschöpfendes Suchen* (Raten eines Schlüssels und Ausprobieren in polynomieller Zeit) benötigt exponentiell viele Schritte und liegt in der Komplexitätsklasse NP.

Damit ergibt sich direkt die obere Schranke für f^{-1}. Die Umkehrfunktion f^{-1} kann maximal in exponentiell vielen Schritten berechnet werden. Dieser Schutz kann als hinreichend angenommen werden, wenn für die Berechnung mehr als 10^{200} Schritte benötigt werden: Wenn jeder Schritt eine Mikrosekunde dauern würde, dann könnte man erst nach $9{,}6 \cdot 10^{189}$ Jahren den Klartext berechnen.

Die obere Schranke ist jedoch für die Sicherheit nicht wesentlich. Die wesentlichere Schranke ist die untere Schranke. Die Bestimmung der unteren Schranke für eine Funktion aus der Komplexitätsklasse NP existiert jedoch nicht. Wünschenswert wäre aus der Perspektive der Kryptographie, daß die untere Schranke auch exponentiell viele Schritte benötigt (also nicht in der Komplexitätsklasse P liegt).

Die Existenz einer solchen Funktion mit der geforderten unteren Schranke ist aus der Komplexitätstheorie nicht beweisbar bekannt. Alle asymmetrischen Verfahren müssen deshalb auf der unbewiesenen Annahme P≠NP aufbauen, d.h. die Funktion f^{-1} der Komplexitätsklasse NP kann nie in deterministisch, polynomieller Zeit (in P) gelöst werden.

2.4.4 Der probabilistische Ansatz

Der Ausdruck „unmöglich für einen polynomialen Angreiferalgorithmus" in einem betrachteten Zeitrahmen soll sich weder auf die Worst- noch auf die Average-Case-Komplexität beziehen. Das „Brechen" soll fast immer unmöglich sein. Deshalb fordert man zusätzlich zu der Berechnungskomplexität ein Wahrscheinlichkeitsverhalten der Einweg-Funktion f [GoMi84,

Pfit96, Gold95]: Die Wahrscheinlichkeit eines Erfolges durch einen polynomialen Angreifer-algorithmus soll immer vernachlässigbar klein sein:

Definition 2.4: *Probabilistisch Sicher (B. Pfitzmann [Pfit96])*

Für alle polynomialen Angreiferalgorithmen A gilt: Für alle $k \in$ **Nat** existiert ein $n_0 \in$ **Nat**, so daß für alle Sicherheitsparameter $n > n_0$ (Schlüssellänge o.ä.) gilt: Die Wahrscheinlichkeit, daß A das System bricht (faktorisiert, entschlüsselt, etc.), ist kleiner als n^{-k}.

2.5 Modelle zur Bewertung der Sicherheit

Zwei Sicherheitsmodelle aus der Kryptographie wurden vorgestellt, die zu zwei verschiedenen Arten von Techniken führen: Symmetrische und asymmetrische Verschlüsselung. Der Sicherheitsgrad und die praktische Anwendbarkeit in offenen Systemen wird bei beiden Verfahren durch die verwendeten Schlüssel bestimmt (siehe Tabelle 2-8).

Schlüssel	Schlüsselaustausch	maximale Sicherheit	Einsatz in offenen Netzen
symmetrisch	sicherer Kanal	informationstheoretisch	erschwert
asymmetrisch	öffentlicher Schlüssel	komplexitätstheoretisch	einfach

Tabelle 2-8: Informationstheoretische oder komplexitätstheoretische Sicherheit und ihre mögliche Umsetzung

Nur die symmetrische Verschlüsselung kann absolute und beweisbare Sicherheit erreichen, indem sie zufällig gemäß einer Gleichverteilung für jede Anwendung neue Schlüssel wählt, die genauso lang sind wie die Klartexte. Der Austausch dieser langen Schlüssel erschwert jedoch den Einsatz.

Die asymmetrischen Verfahren vereinfachen den Schlüsselaustausch, da zwei verschiedene Schlüssel mit konstanter Länge zum Ver- und Entschlüsseln existieren. Die Existenz solcher Schlüssel (Funktionen), die theoretisch als Einwegfunktion mit Falltür beschrieben werden, ist jedoch nicht bekannt (beweisbar). Ihre Sicherheit liegt maximal in der Berechnungskomplexität der Komplexitätsklasse NP.

Schutz der Kommunikationsbeziehung

In diesem Kapitel wird ein Klassifizierungsschema analog der Kryptographie (Kapitel 2) vorgestellt, das die Beurteilung und den Vergleich von Anonymisierungstechniken hinsichtlich ihrer Sicherheit und Leistungsfähigkeit ermöglicht. Die Sicherheitsklassifikation beruht auf der Erweiterung der bisherigen informationstheoretischen Modellwelt um die probabilistische und die praktische Modellwelt.

3.1 Klassifikationsschema für die Sicherheit

Wollen zwei Personen vertraulich kommunizieren, ohne daß dies durch einen Angreifer beobachtet werden kann, so liefert die alleinige Anwendung von Kryptographie keine Lösung. Die Kryptographie ist zwar imstande, die ausgetauschten Nachrichten vor unbefugtem Lesen zu schützen, aber die physikalische Übertragung der Nachricht von der Quelle bis zum Ziel bleibt stets beobachtbar. Durch Verfolgung der Übertragung kann der Angreifer folgende Informationen gewinnen, ohne die verwendete Kryptographie brechen zu müssen:

- Sender- und Empfängeridentität,
- benutzter Dienst (z.B. Breitbanddienst für Konferenzschaltung),
- ...

Beim Schutz der Verkehrsdaten geht es also um mehr als die bloße Verschlüsselung von Nachrichten. Es geht um die Tarnung von prinzipiell beobachtbaren Aktionen.

Verfahren, die diese Aktionen innerhalb eines Netzes „tarnen", existieren in großer Zahl. Sie gehen jedoch zum größten Teil auf drei *Grundverfahren* zurück:

- Implizite Adressierung und Verteilung [FaLa75, Karg77],

- MIXe [Chau81], und

- DC-Netze [Chau88].

Das erste Verfahren geht auf Farber, Larson und Karger zurück die weiteren auf D. Chaum. Die Sicherheit dieser Verfahren wurde von A. Pfitzmann untersucht und entsprechend erweitert [Pfit90]. Weiterhin wurden diese Verfahren von A. Pfitzmann in der gleichen Arbeit in eine informationstheoretische Modellwelt[1] eingebettet.

In der neueren Literatur werden weitere Verfahren vorgeschlagen [Cott95, FKK96a, FKK96b, GüTs96, ReRu97, SGR97 etc.], die beweisbar nicht in der in [Pfit90] vorgeschlagenen Modellwelt liegen. Der von diesen Techniken geleistete Schutz kann somit nicht im Rahmen der informationstheoretischen Modellwelt gemessen werden, obwohl ein gewisses Maß an Schutz gewährleistet wird. Daher werden in dieser Arbeit weitere Modellwelten eingeführt, die nicht den perfekten Schutz als Ziel haben. Als Leitbild dienen die in der Kryptographie gebräuchlichen Sicherheitsmodelle (siehe Kapitel 2). In Analogie zu diesen Modellen bieten sich hinsichtlich des Schutzes der Kommunikationsbeziehung die folgenden drei Schutzmodelle an:

- Perfekter Schutz,

- Probabilistischer Schutz und

- Praktischer Schutz.

Diese Schutzmodelle werden im folgendem definiert. Die in der Literatur diskutierten Verfahren lassen sich damit gemäß Abbildung 3-1 gliedern. Die fett umrandeten Bereiche kennzeichnen neue Erweiterungen der bisherigen Theorie, die in dieser Arbeit erstmals vorgestellt werden.

Das MIX-Verfahren wird in [Chau81], Stop-and-Go-MIXe in [KEB98], Onion Routing in [GRS96, SGR97], NDM in [FKK96a, FKK96b], Babel-MIXe [GüTs96], Remailer in [Cott95] und Crowds in [ReRu97] vorgestellt. Auf die einzelnen Verfahren wird später in den entsprechenden Kapiteln geordnet nach Schutzmodellen eingegangen. Wie Abbildung 3-1 deutlich macht, gehen die verschiedenen Modellwelten von unterschiedlichen Annahmen bezüglich der

---

1. Präziser formuliert: A. Pfitzmann stellt in seiner Arbeit eine Zweiteilung der informationstheoretischen Modellwelt vor. Er unterteilt zwischen *perfekt* informationstheoretische und *perfekt* komplexitätstheoretische Unbeobachtbarkeit, Anonymität und Unverkettbarkeit [Pfit90]. Die jeweils zweiten Adjektive „Informationstheoretisch-komplexitätstheoretisch" modellieren hierbei die verwendete Kryptographie. In dieser Arbeit wird jedoch die verwendete Kryptographie nicht in die Betrachtung mit einbezogen (siehe auch Definition 3.1 und Definition 3.2). Deshalb wird die Betrachtung von A. Pfitzmann unter dem Begriff *perfekte* Unbeobachtbarkeit (oder informationstheoretische Unbeobachtbarkeit) zusammengefaßt.

Fähigkeiten eines Angreifers aus. Im nächsten Abschnitt wird daher auf die verschiedenen Angreifermodelle eingegangen.

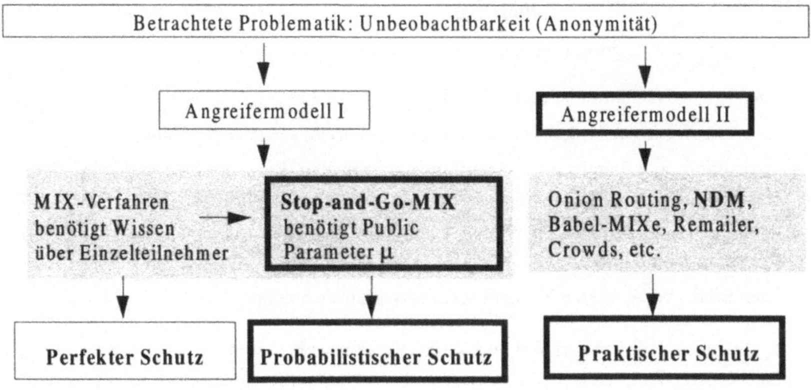

Abbildung 3-1: Erweiterung der Modellwelt (fett umrandete Bereiche sind Neuentwicklungen)

3.2 Angreifermodelle

Grundlage jeder Sicherheitsbetrachtung ist die genaue Festlegung der Fähigkeiten des Angreifers, gegen den man sich schützen möchte. Die dieser Arbeit zugrundeliegenden Angreifermodelle unterscheiden sich bezüglich der Mächtigkeit des jeweiligen Angreifers. Sie werden hier nach ihrer Mächtigkeit in *omnipräsenter Angreifer* und *teilweise präsenter Angreifer* unterteilt.

3.2.1 Omnipräsenter Angreifer

In den heutigen Netzen ist jede Art von Kommunikation beobachtbar. Im Gegensatz zur Außenwelt (außerhalb des Netzes), wo eine Beobachtung einen physikalischen Aufwand erfordert, kann der Angreifer in der virtuellen Welt fast ohne Aufwand, verteilt durch sogenannte *intelligente Agenten*, Informationen überall im Netz aufzeichnen. Dies ist natürlich nur insoweit möglich, als der Angreifer die Unterstützung von datenverarbeitenden Einheiten in den Netzen hat oder diese unerlaubt erlangen kann. Der mächtigste Angreifer, den man bei einer Sicherheitsbetrachtung berücksichtigen muß, ist der omnipräsente Angreifer [Chau81]:

Definition 3.1: *Omnipräsenter Angreifer*

Der omnipräsente Angreifer hat die folgenden Fähigkeiten:

- eingesetztes Verfahren ist dem Angreifer genau bekannt,
- kann alle Wege (Leitungen) der gesendeten Nachricht gleichzeitig abhören,
- kontrolliert alle benutzten Vermittlungsrechner und kann deshalb beliebig viele Nachrichten in das System selbst einspielen, löschen und modifizieren,
- hat unbegrenzten Speicherplatz und Kommunikationskapazität sowie beliebig kurze Reaktionszeiten, und
- kann **nicht** die benutzten Verschlüsselungsverfahren brechen.

Bei der Definition des Angreifers wird die Kryptographie explizit ausgeschlossen. Dies schränkt die Allgemeinheit der Betrachtung nicht ein, da die Kryptographie nur als ein Basisbaustein eingesetzt wird.

3.2.2 Teilweise präsenter Angreifer

Die Definition des omnipräsenten Angreifers erfolgt unabhängig von der tatsächlichen Netzstruktur, d.h. unabhängig von Größe und räumlicher Ausbreitung des Netzes. Für offene Kommunikationsumgebungen wie das Internet ist dies sicherlich keine realistische Annahme[1]. Daher bietet sich als realistischeres Modell für solche Umgebungen eine netzabhängige Definition des Angreifermodells an:

Definition 3.2: *Teilweise präsenter Angreifer*

Der teilweise präsente Angreifer hat die folgenden Fähigkeiten:

- eingesetztes Verfahren ist dem Angreifer genau bekannt,
- kann nur teilweise Wege (Leitungen) der gesendeten Nachricht gleichzeitig abhören,
- kontrolliert Teile der benutzten Vermittlungsrechner und kann deshalb eingeschränkt Nachrichten in das System selber einspielen, löschen und modifizieren,
- hat unbegrenzten Speicherplatz und Kommunikationskapazität sowie beliebig kurze Reaktionszeiten, und
- kann **nicht** die benutzten Verschlüsselungsverfahren brechen.

---

1. Der Autor geht davon aus, daß in der Zukunft immer mehrere unabhängige Hard- und Softwarehersteller existieren werden, die nicht als Angreifer zusammenarbeiten und zum Teil ihre Produkte einer Sicherheitsevaluation unterziehen werden (für Sicherheitsevaluation siehe z.B. [CTC92]).

Die Angreifermodelle selber werden nicht als Klassifizierungsmerkmal herangezogen, da sie durch das jeweilige Schutzmodell impliziert werden.

3.3 Schutzmodelle

In diesem Abschnitt werden die Beziehungen der drei vorgeschlagenen Schutzmodelle zueinander (siehe Abbildung 3-1) und die Schutzmodelle selbst vorgestellt.

3.3.1 Perfekter Schutz nach A. Pfitzmann

Anonymisierungstechniken haben zum Ziel, trotz der Stärke des Angreifers eine oder mehrere der folgenden, personenbezogenen Informationen zu verbergen [Pfit90]:

- Die Kommunikation soll gegenüber Unbeteiligten weitgehend *unbeobachtbar* sein.
- Gegenüber Beteiligten (z.B. Kommunikationspartner) soll die Kommunikation im Allgemeinen *anonym* erfolgen.
- Verkehrsereignisse sollen *unverkettbar* sein.

Die Forderung der Unverkettbarkeit der Verkehrsereignisse soll einen Angreifer daran hindern, durch Sammlung von anonymisierten Einzelereignissen zu zusätzlichen Informationen zu kommen, so daß schließlich die eingesetzten Verfahren nutzlos werden.

Die Begriffe Unbeobachtbarkeit, Anonymität und Unverkettbarkeit allein ergeben noch kein Kriterium zur Bewertung der Sicherheit. Deshalb müssen die Anforderungen zu den folgenden Definitionen präzisiert werden [Pfit90]:

Definition 3.3: *Unbeobachtbarkeit, perfekte Unbeobachtbarkeit*

Ein **Ereignis** E heißt **unbeobachtbar** bezüglich eines Angreifers A, wenn die Wahrscheinlichkeit des Auftretens von E nach jeder für A möglichen Beobachtung B sowohl echt größer 0 als auch echt kleiner 1 ist. Für A gilt für alle B: $0 < P(E|B) < 1$.

Das Ereignis E heißt *perfekt* unbeobachtbar bezüglich eines Angreifers A, wenn die Wahrscheinlichkeit des Auftretens von E vor und nach jeder für A möglichen Beobachtung B gleich ist, d.h. für alle B: $P(E) = P(E|B)$.

Definition 3.4: *Anonymität, perfekte Anonymität*

Eine **Instanz** heißt in einer Rolle R **anonym** bezüglich eines Ereignisses E und eines Angreifers A, wenn für jede mit A nicht kooperierende Instanz die Wahrscheinlichkeit, daß sie bei E die Rolle R wahrnimmt, nach jeder für A möglichen Beobachtung sowohl echt größer 0 als auch echt kleiner 1 ist.

Eine Instanz heißt in einer Rolle R bezüglich eines Ereignisses E und eines Angreifers A *perfekt* anonym, wenn für jede mit A nicht kooperierende Instanz die Wahrscheinlichkeit, daß sie bei E die Rolle R wahrnimmt, vor und nach jeder für A möglichen Beobachtung gleich ist.

Definition 3.5: *Unverkettbarkeit, perfekte Unverkettbarkeit*

Zwei **Ereignisse** E und F heißen bezüglich eines Merkmals M und bezüglich eines Angreifers A **unverkettbar**, wenn die Wahrscheinlichkeit, daß sie in M übereinstimmen, nach jeder für A möglichen Beobachtung sowohl echt größer 0 als auch echt kleiner 1 ist.

Zwei Ereignisse E und F heißen bezüglich eines Merkmals M und bezüglich eines Angreifers A *perfekt* unverkettbar, wenn die Wahrscheinlichkeit, daß sie in M übereinstimmen vor und nach jeder für A möglichen Beobachtung gleich ist.

Nach Shannon [Shan49b] bedeutet der *perfekte Schutz*, daß alle ihm möglichen Beobachtungen einem Angreifer keinerlei Informationsgewinn bringen. Somit ist dies eine Maximalanforderung.

Die allgemeine Definition über Unbeobachtbarkeit und Anonymität kann auf innerhalb einer Klasse von Ereignissen (z.B. Nachrichtentypen) und Instanzen (z.B. lokale Netze) eingeschränkt werden. Die entsprechende Erweiterung der Definitionen erfolgt in kanonischer Weise [Pfit90].

Kritische Betrachtung des Lösungsansatzes von A. Pfitzmann

A. Pfitzmann definiert in [Pfit90] zuerst eine Maximalanforderung an Unbeobachtbarkeit, Anonymität und Unverkettbarkeit und zeigt, daß die Grundverfahren die geforderten Schutzanforderungen erfüllen können. Zur entsprechenden Umsetzung der Verfahren ist eine Neugestaltung der Netze nötig (siehe [Pfit90] Seite 272 und 299). Er zeigt somit, daß die Umsetzung der Anonymisierungsverfahren allgemein einen erheblichen Einfluß auf die Gestaltung des Kommunikationsnetzes hat (paraphrasiert nach [Pfit90] Seite 14). Ausgehend von heutigen Netzen zeigt er in seiner Arbeit Wege zu datenschutzfreundlichen Netzen auf.

In dieser Arbeit soll der umgekehrte Weg gegangen werden: *Die Schutzanforderungen sollen gemäß der heutigen Netze definiert werden*, so daß die bestehenden Netze ohne große Veränderung verwendet werden können.

Bevor die neuen Schutzanforderungen vorgestellt werden, soll der Hauptunterschied zu den besagten Grundverfahren ermittelt werden.

Perfekte Verfahren und die resultierende notwendige Bedingung

Die obigen Definitionen 3.3, 3.4 und 3.5 legen fest, daß der Schutz vor Beobachtungen immer gegeben sein muß. Augenfällig wird dies durch die Ungleichung $0 < P(E|B) < 1$ in Definition 3.3. Danach soll es nie vorkommen, daß $P(E|B) = 1$ wird, also daß ein Angriff je Erfolg hat. Diese Tatsache impliziert jedoch eine Voraussetzung, die alle Grundverfahren erfüllen müssen, nämlich das *Teilnehmerwissen*.

Das Teilnehmerwissen ist deshalb notwendig, da die betrachteten Verfahren nur multilateral erreicht werden können [FePf97], d.h. es müssen immer mehrere Teilnehmer zusammenarbeiten, um Unbeobachtbarkeit und Anonymität zu gewährleisten[1]. Dazu muß die *Authentizität* der Beteiligten sichergestellt werden, da schließlich in offenen Umgebungen die Maskerade, d.h. das Vortäuschen einer falschen Identität, sehr einfach möglich ist [DFM96]. Ist die Authentizität nicht sichergestellt, so kann der Angreifer mehrmals an einem Verfahren teilnehmen und die Situation hervorrufen, daß nur er und das zu beobachtende Kommunikationspaar übrigbleiben. Somit kann der Angreifer immer diese Teilnehmer beobachten.

Authentizität[2] selbst setzt voraus, daß ein authentisches Teilnehmerwissen im System vorhanden ist (z.B. ein Paßwort), das bei jeder Anwendung der Anonymisierung mit Hilfe von kryptographischen Protokollen überprüft werden kann (siehe [DaPr84]). In einer offenen Umgebung müssen für solche Dienste Trusted Third Parties (TTP) einbezogen werden, da im Allgemeinen kein Teilnehmer den anderen kennt. Es sprechen folgende Gründe gegen den Einsatz von TTPs:

- Solche Organisationen und Dienste sind in den heutigen Netzen noch nicht vorhanden.
- Weiterhin gilt, daß selbst wenn das nötige Teilnehmerwissen im System vorhanden ist, die Anwendung der Verfahren in offenen Umgebungen ohne große Veränderung fast nicht möglich ist (siehe Kapitel 4.5 für diese technische Betrachtung).

Zur Lösung des oben dargestellten Problems werden zwei Ansätze gewählt und somit das Modell von A. Pfitzmann wie folgt erweitert:

- Es wird explizit ein schwächeres Sicherheitsmodell definiert, bei dem $P(E|B) = 1$ mit einer gewissen Wahrscheinlichkeit α möglich ist. Es wird verlangt, daß die entsprechenden Verfahren in dieser Klasse einen *öffentlichen Parameter* μ besitzen, so daß eine lineare Veränderung von μ die Wahrscheinlichkeit α exponentiell gegen 0 konvergieren läßt.

---

1. Dieser Zusammenhang wird im nächsten Kapitel ausführlich dargelegt.
2. Es ist widersprüchlich, daß gerade zur Anonymisierung die einzelnen Teilnehmer zuerst eindeutig identifiziert werden müssen.

- Die Stärke des Angreifers wird genauer modelliert (d.h. es resultiert daraus ein schwächerer Angreifer) und ein entsprechendes Sicherheitsmodell definiert, bei dem ebenfalls $P(E|B) = 1$ mit einer gewissen Wahrscheinlichkeit α möglich ist.

Die erste Erweiterung wird als probabilistischer und die zweite als praktischer Schutz bezeichnet.

3.3.2 Probabilistischer Schutz

Ein Anonymisierungsverfahren sollte die Nutzung des Systems für einen ehrlichen Teilnehmer einfach halten und unabhängig von der Identifikation der Teilnehmer gestalten. Es wird hier deshalb gemäß der komplexitätstheoretischen Modellwelt der probabilistische Schutz als Erweiterung zu den Definitionen 3.3, 3.4 und 3.5 festgelegt (vgl. auch Kapitel 2.4).

Definition 1: *Probabilistisch unbeobachtbar*

Ein **Ereignis** E heißt probabilistisch **unbeobachtbar** bezüglich eines Angreifers A, wenn die Wahrscheinlichkeit des Auftretens von E nach jeder für A möglichen Beobachtung B echt größer 0 ist, mit Wahrscheinlichkeit $1-\alpha$ auch echt kleiner 1 ist und wenn folgende Bedingungen bezüglich α erfüllt sind:

- Die Wahrscheinlichkeit α ist unabhängig vom Angreifer.

- Es existiert ein Systemparameter μ, dessen lineare Änderung α exponentiell gegen 0 konvergieren läßt.

- Für A gilt für alle B: $0 < P(E|B) < 1$ mit Wahrscheinlichkeit $1-\alpha$ und $P(E|B) = 1$ oder $P(E|B) = 0$ mit Wahrscheinlichkeit α.

Um den Begriff „probabilistisch" erweiterte Definitionen für Anonymität und Unverkettbarkeit ergeben sich nach dem gleichen Muster.

Die obige Definition erfüllt offensichtlich die Anforderungen einer komplexitätstheoretischen Sicherheit. Wenn ein Algorithmus bekannt ist, der probabilistische Sicherheit gewährleistet (z.B. mit $\alpha=10^{-20}$), dann besteht ein erfolgreicher Angriff darin, diesen bis zum Erfolg immer zu wiederholen. Da die Unsicherheit (Wahrscheinlichkeit α) unabhängig von der Anzahl der Versuche konstant bleibt, enden die Versuche im Erwartungswert erst nach $5 \cdot 10^{19}$ Schritten. Können diese Versuche in polynomieller Zeit verwirklicht werden, dann gehört der erfolgreiche Angriff sicherlich in die Klasse NP (siehe Tabelle 3-2).

Kryptographie	Anonymisierung
Informationstheoretische Sicherheit	Informationstheoretische Anonymität
Komplexitätstheoretische Sicherheit	Probabilistische Anonymität

Tabelle 3-2: Bewertungsmodelle für Vertraulichkeitstechniken

Bei näherer Betrachtung unterscheiden sich die Schutzmodelle für die Kommunikationsbeziehung von denen für die Kommunikationsinhalte in folgenden Punkten:

- In der Kryptographie läßt sich ein „praxisorientierter" Ansatz (komplexitätstheoretischer Ansatz) nur durch Abschwächung des Angreifermodells ermöglichen.
- Es ist hier noch theoretisch unbewiesen, ob überhaupt ein Verfahren existiert, daß der Forderung der komplexitätstheoretischen Sicherheit genügt. Ein solcher Beweis müßte vorher das P=NP oder P≠NP Problem der Komplexitätstheorie lösen.

Das Problem des Schutzes der Kommunikationsbeziehung zeichnet sich durch eine klarere Struktur aus. Hier werden keine unbewiesenen Annahmen benötigt und es kann durch Angabe eines Verfahrens bewiesen werden, daß das theoretisch Geforderte auch existiert (siehe Kapitel 5.3).

3.3.3   Praktischer Schutz

Die Modellwelt des praktischen Schutzes ergibt sich, indem man vom Angreifermodell I zum Angreifermodell II wechselt (siehe Abbildung 3-1), d.h. die Annahme eines omnipräsenten Angreifers fallen läßt und durch das realistischere Modell eines teilweise präsenten Angreifers ersetzt. Zu beachten ist hierbei, daß die tatsächlichen Fähigkeiten des teilweise präsenten Angreifers in ihrer konkreten Ausprägung von Fall zu Fall schwanken können. Dies bedeutet aber auch, daß dieser Klasse zuzuordnende Anonymisierungstechniken eventuell gegen die eine konkrete Ausprägung des Angreifermodells Schutz bieten, gegen eine andere konkrete Ausprägung jedoch nicht. Vielmehr ergibt sich eine entsprechende Halbordnung.

Dieses indeterministische Angreifermodell bedarf auch einer entsprechenden indeterministischen Schutzanforderungen, die zur Definition des *praktischen Schutzes* führt:

Definition 2: *Praktisch Unbeobachtbar*

Ein **Ereignis** E heißt praktisch **unbeobachtbar** bezüglich des teilweise präsenten Angreifers A, wenn die Wahrscheinlichkeit des Auftretens von E nach jeder für A möglichen Beobachtung B mit Wahrscheinlichkeit $1-\alpha$ echt größer 0 ist und auch echt kleiner 1 ist. Für A gilt für alle B mit Wahrscheinlichkeit $1-\alpha$: $0 < P(E|B) < 1$. Mit Wahrscheinlichkeit α gilt $P(E|B) = 1$ oder $P(E|B) = 0$.

Weitere Definitionen für Anonymität und Unverkettbarkeit können nach dem gleichen Muster erstellt werden.

Damit sind die drei wesentlichen Schutzklassen definiert und die formale Einordnung existierender Techniken im Hinblick auf ihre Sicherheit ist möglich.

KAPITEL 4

Perfekte Anonymität in geschlossenen Umgebungen

In diesem Kapitel werden die Grundverfahren für perfekte Anonymität und Unbeobachtbarkeit sowie deren theoretische Hintergründe und mögliche Anwendungen vorgestellt.

Im ersten Teil werden notwendige Bedingungen hergeleitet, die zum Erreichen des perfekten Schutzes nötig sind.

Im zweiten Teil werden die oben genannten Verfahren unabhängig von einer bestimmten Netztopologie allgemein vorgestellt.

Im dritten Teil wird der Einsatz der Grundverfahren in Kommunikationsnetzen diskutiert. Für den praktischen Einsatz wird das MIX-Verfahren als das geeignete Verfahren identifiziert: Es ermöglicht eine spontane anonyme Kommunikation ohne Rücksicht auf andere Teilnehmer.

4.1 Perfekter Schutz

Das Ziel der betrachteten Verfahren für Unbeobachtbarkeit und Anonymität ist es, die Information darüber, wer, wann, von wo aus und wie lange mit wem kommuniziert hat, perfekt zu schützen. Die Anonymität und Unbeobachtbarkeit soll hier gegenüber einem omnipräsenten Angreifer dauerhaft gewährleistet sein, d.h. die Sicherheit des Verfahrens ist unabhängig von Ressourcen wie Zeit und Rechenkapazität und der Angreifer erhält durch seine Analysen kein Wissen über den geschützten Teilnehmer (siehe dazu Definition 2.2, 3.1, 3.3, 3.4, 3.5).

Für die Realisierung des perfekten Schutzes benötigt man

- die *Bildung einer sicheren Gruppe* und
- eine *Einbettungsfunktion*.

Die Einbettungsfunktion sorgt dafür, daß ein Teilnehmer, je nach Schutzziel, als Sender und/ oder Empfänger innerhalb der gebildeten Gruppe nicht beobachtet werden kann. Aus der Perspektive eines bestimmten Teilnehmers bedeutet dies, daß er in der Funktion des Senders und/ oder Empfängers innerhalb der Gruppe der Teilnehmer so eingebettet ist, daß der Angreifer ihn von den anderen Teilnehmern nicht unterscheiden kann. Eine präzise Formulierung dieses Zusammenhangs wird durch die folgende Definition gegeben:

Definition 4.1: *Anonymitätsmenge*

Gegeben sei ein Angreifermodell und die endliche Menge $\mathscr{B}$ aller Beteiligten. Sei R eine Rolle, die ein Beteiligter bezüglich einer beliebigen, festen Nachricht M spielen kann (Sender, Empfänger). Die Teilmenge B $\subseteq \mathscr{B}$ aller Beteiligten b, für die gilt, daß unter Einbeziehung aller Informationen des Angreifers die Wahrscheinlichkeit, daß b die Rolle R für die Nachricht M spielt, echt größer als 0 ist, heißt R-Anonymitätsmenge (bezüglich M und des Angreifermodells).

Ein Verfahren erzeugt für eine Nachricht eine R-Anonymitätsmenge der Größe n, wenn die R-Anonymitätsmenge bezüglich der Nachricht nach der Anwendung des Verfahrens bzw. Durchlauf der Nachricht durch den Zwischenknoten die Mächtigkeit n hat ($n \in$ **Nat**).

Die Technik für den Schutz des Empfängers stellt eine besonders einfache Einbettungsfunktion dar und soll aus diesem Grund als Einführungsbeispiel verwendet werden.

4.1.1   Bildung einer sicheren Gruppe

Alle ausgetauschten Nachrichten seien durch die Verwendung einer sicheren Kryptographie geschützt. Dennoch kann ein omnipräsenter Angreifer jeglichen Nachrichtenaustausch beobachten (siehe Definition 3.1). Diese Tatsache und die daher erforderlichen Gegenmaßnahmen sollen an dem folgenden einfachen Beispiel demonstriert werden:

Beispiel (Empfängeranonymität durch Verteilung): Abbildung 4-1 zeigt einen omnipräsenten Angreifer, der alle Leitungen und Zwischenstationen (Router) beherrscht. Ein Teilnehmer A sendet ein Nachrichtenpaket an Teilnehmer B, das komplett vor Entschlüsselung durch Unbeteiligte geschützt ist. Offensichtlich kann dennoch der Angreifer das Senden, Vermitteln und somit auch das Empfangen beobachten. Sendet jedoch Teilnehmer A dieselbe Nachricht an den beabsichtigten und an weitere Teilnehmer C und D gleichzeitig, so kann der Empfänger B innerhalb der *Menge* x = {B, C, D} nicht als der wahre Empfänger identifiziert werden. Das simple Verfahren der Verteilung bietet nur dann keinen Schutz, wenn die Teilnehmer C und D mit dem Angreifer konspirieren. Dies gilt allgemein: Wenn von den n Beteiligten n-1 Teilnehmer gegen einen Einzelnen zusammenarbeiten, dann liefert das Verfahren keinen Schutz.

Das Verfahren bietet keinen Schutz, wenn ein Angreifer unbemerkt die Identität von n-1 Teilnehmern vortäuschen[1] kann. Dieser Angriff wird *(n-1)-Angriff* genannt.

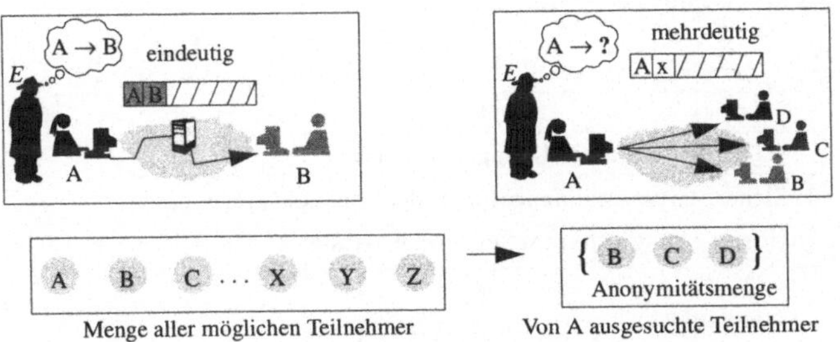

Abbildung 4-1: Empfängeranonymität durch Verteilung

Wie das obige Beispiel einfach demonstriert, ist die Zusammenarbeit von mehreren Teilnehmern (n Teilnehmer mit n>1) notwendig, um Anonymität zu gewährleisten. Für den perfekten Schutz müssen für die Bildung der sicheren Gruppe zwei Bedingungen erfüllt werden:

- die sichere Organisation von n Teilnehmern und

- die Garantie, daß von n Beteiligten nicht n-1 mit dem Angreifer zusammenarbeiten.

Die sichere Organisation von *n* Teilnehmern

Für die sichere Organisation von n Teilnehmern (mit n>1) benötigt das Verfahren *Wissen über die Einzelteilnehmer*. Das Wissen wird vom Verfahren verwendet, um die Authentizität der Teilnehmer in ihrer Rolle sicherzustellen. Die Sicherstellung der Beteiligung von n Teilnehmern muß in der Initialphase und in der Anwendungsphase erfolgen:

1: In der Initialphase meldet sich der Teilnehmer an, um in eine Anonymitätsmenge aufgenommen zu werden. Das Verfahren, das für die Aufnahme zuständig ist, muß die Identität des Teilnehmers überprüfen, so daß Mehrfachanmeldungen ausgeschlossen sind.

2: In der Anwendungsphase muß das Verfahren sicherstellen, daß sich nur die angemeldeten Teilnehmer an dem Verfahren beteiligen. Hier ist insbesondere wichtig, daß bei jeder Übermittlung garantiert wird, daß die übermittelten Daten nur von Berechtigten gesendet oder empfangen werden.

---

1. Maskerade-Angriff (siehe [DaPr84])

Ist die Beteiligung der n Teilnehmer zu einem Zeitpunkt nicht gesichert, so leistet das Verfahren keinen perfekten Schutz, da dann immer ein $(n-1)$-Angriff möglich ist.

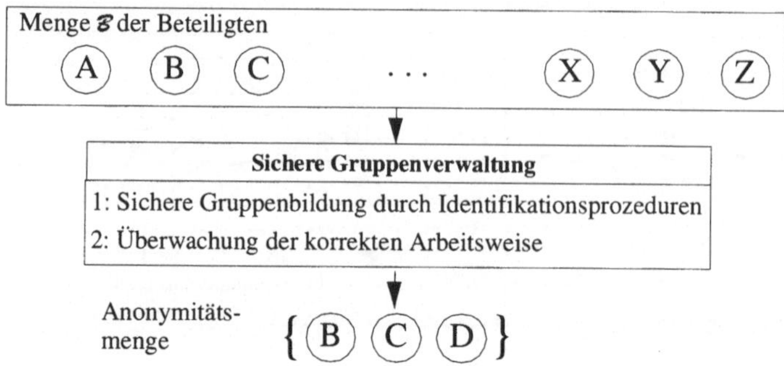

Abbildung 4-2: Sichere Organisation von n Teilnehmern durch einen Gruppenverwaltungsmechanismus

Wie in Abbildung 4-2 dargestellt, benötigt man für die Umsetzung der obigen Anforderungen einen Gruppenverwaltungsmechanismus, der die korrekte Beteiligung der Teilnehmer sichert. Solche Mechanismen lassen sich nach der Art der Bildung der sicheren Gruppe in zwei Klassen einteilen:

- Eine Gruppenbildung wird als *strikt* bezeichnet, wenn die Teilnehmer nach einer Initialphase in die Menge der Beteiligten aufgenommen werden und eine Zeitperiode lang an der Anwendung teilnehmen müssen.

- Eine Gruppenbildung wird als *flexibel* bezeichnet, wenn zu jeder Zeit die Beteiligung an der anonymen Kommunikation möglich ist.

Es ist klar, daß die strikte Gruppenbildung einerseits spontane Kommunikation erschwert bzw. unmöglich macht, andererseits jedoch die Aufgabe der „sicheren Beteiligung" von n Teilnehmern erleichtert.

Ausschluß von korrupten Teilnehmern

Nach der Bildung der sicheren Gruppe kann nur dann ein perfekter Schutz erreicht werden, wenn von den n Beteiligten nicht $n-1$ korrupt[1] sind. Damit ein Verfahren perfekten Schutz gewährleisten kann, müssen also die korrupten Teilnehmer erkannt und aus der Menge der Beteiligten ausgeschlossen werden. Es existiert jedoch keine überprüfbare Technik, die a priori korrupte Teilnehmer erkennen kann. In der Literatur [Pfit90] umgeht man deshalb diesen problematischen Punkt, indem alle Aussagen unter der Voraussetzung gemacht werden, daß von

---

1. Ein Teilnehmer oder eine Instanz wird korrupt genannt, wenn er oder sie mit einem Angreifer kooperiert.

den n Beteiligten nicht n-1 korrupt sind. Dieser unbefriedigende Zustand[1] wird noch dadurch verschlimmert, daß bei der Bewertung der Verfahren der geleistete Schutz (Größe der Anonymitätsmenge) durch die Anzahl der Beteiligten angegeben wird. Die Anzahl der beteiligten Teilnehmer bildet jedoch eine obere Schranke für die Größe der Anonymitätsmenge und ist deswegen von minderer Bedeutung. Für den perfekten Schutz ist die untere Schranke die wesentliche Größe, die leider nicht angegeben werden kann. Die Bewertungen der Verfahren durch die Angabe der Anzahl der Beteiligten muß aus diesen Gründen kritisch hinterfragt werden.

Ein parametrisierter Ansatz, bei dem ein Parameter den Korruptheitsgrad angibt (z.B. $x\%$ der Bevölkerung sind korrupt), würde die Realität eher wiedergeben. Entsprechend diesem Parameter könnte z.B. das Verfahren die Teilnehmeranzahl erhöhen. Die Bewertung solcher Modelle kann nicht innerhalb der perfekten Modellwelt gelöst werden, da hier Wahrscheinlichkeitsaussagen in die Betrachtung einbezogen werden. Im Kapitel 6 wird deshalb solch ein erweitertes Modell im Hinblick auf *praktische Sicherheit* untersucht. Wenn jedoch das informationstheoretische Sicherheitsmodell beibehalten werden soll, so gibt es keine Alternative zu der in der Literatur vorgestellten Bewertung.

Unverkettbarkeit

Wenn auch die Teilnehmer durch die Anwendung eines Anonymisierungsverfahrens perfekt in die Anonymitätsmenge eingebettet sind, so daß ein Angriff durch den omnipräsenten Angreifer nur Aussagen über die ganze Gruppe liefert, kann die Beobachtung über einen längeren Zeitraum hinweg dennoch zum Erfolg führen. Wechseln die Teilnehmer die Anonymitätsmengen in mehreren Anwendungen und kann der Angreifer die Information über die wechselnden Anonymitätsmengen verketten, so kann er Statistiken über folgende Merkmale erstellen:

- Welcher Teilnehmer beteiligte sich in welchen Anonymitätsmengen?
- Die Häufigkeit der Teilnahme (die Zeitpunkte).
- Welche Kommunikationen[2] gingen aus dieser Anonymitätsmenge hervor? Allgemein ausgedrückt: Welche beobachtbaren Prozesse wurden durch die Anonymitätsmenge im Netz gestartet (Zugriff auf WWW-Seiten, Datenbankzugriff, etc.)?

Dieser Angriff ist um so erfolgreicher, je kleiner die Anonymitätsmenge ist und je öfter die Teilnehmer ihre Anonymitätsmengen[3] wechseln. Im nächsten Abschnitt soll eine Methode zur Analyse solcher Informationen gegeben werden, um im darauffolgenden Abschnitt die notwendige Bedingung für die perfekte Unverkettbarkeit herzuleiten.

---

1. Zum Vergleich: In der Kryptographie ist mit großem technischem Aufwand die perfekte Sicherheit durchaus realisierbar.

2. Nur bei Verfahren, die entweder den Sender oder den Empfänger schützen.

3. Es wird hier zunächst davon ausgegangen, daß keine Scheinnachrichten gesendet werden, d.h. die Teilnehmer beteiligen sich nur, wenn sie auch wirklich kommunizieren wollen.

Beispiel einer Analyse der Anonymisierungsverfahren

Ein Angreifer kann mittels der Bayesschen Entscheidungsregel Verhaltensmuster durch Beobachtung der obigen Merkmale lernen (vgl. perfekte Kryptographie, Kapitel 2.1.1). Trotz der sicheren Bildung von Anonymitätsmengen kann prinzipiell ein Beteiligter b bei Beobachtung eines Merkmalvektors x einer Merkmalsklasse C zugeordnet werden. Diese Merkmalsklasse ist eine Kombination aus den obigen Einzelmerkmalen. Die konkrete Aufgabe aus der Sicht des Angreifers besteht darin, daß ein Beteiligter b mit hoher Wahrscheinlichkeit einem Profil zugeordnet wird. Stellt sich bei allen Teilnehmern nach einer bestimmten Zeit ein spezielles individuelles Profil heraus, so ist der Angreifer mit seiner Analyse erfolgreich.

In der Terminologie der Mustererkennung entspricht der Teilnehmer einem *Objekt*, die beobachteten Merkmale einem *Merkmalsvektor* und das Profil einer *Objektklasse*. Es gilt allgemein, daß die Objekte in eine Anzahl von Klassen eingeteilt werden können. Für jede Klasse beobachtet man eine Anzahl von typischen Charakteristiken, die man als Vektor zusammenfassen kann. Dieser Vektor unterscheidet sich für jedes Objekt, weshalb er als eine Zufallsvariable X aufgefaßt werden kann. Um ein Objekt b zu klassifizieren, muß die Verteilung der entsprechenden Variable X_b gelernt werden. Wenn solch eine Verteilung erstellbar (bekannt) ist, dann kann bei jeder Beobachtung x die Zugehörigkeit zu einer Klasse c durch $P(c|x)$ berechnet werden. Die Klassifikation besteht aus folgenden Schritten:

- Beobachtung der Merkmale und Bestimmung des Vektors x.
- Berechnung der Wahrscheinlichkeit $P(c|x)$ für jede Klasse.
- Wahl der Klasse mit der höchsten Wahrscheinlichkeit als die zugehörige Objektklasse.

Diese Entscheidungsregel ist als Bayessche Entscheidungsregel bekannt. Sie erfüllt das Optimierungskriterium [Lope95], welches besagt, daß die Zuordnungsfehler von Merkmalsvektoren zu einer Klasse minimal sind. Es kann weiterhin gezeigt werden, daß alle anderen Entscheidungsregeln eine höhere Fehlerquote aufweisen.

Berechnung der a-posteriori-Wahrscheinlichkeit P(c | x)

Die sogenannte a-posteriori-Wahrscheinlichkeit $P(c|x)$ kann wie folgt berechnet werden:

$$P(c|x) = \frac{P(c) \cdot p(x|c)}{p(x)} \tag{4.1}$$

$p(x|c)$ bezeichnet die Wahrscheinlichkeitsdichte einer Beobachtung x für eine Klasse c. $P(c)$ ist die a-priori-Wahrscheinlichkeit der Klasse c und $p(x)$ ist die Wahrscheinlichkeitsdichte der Beobachtung von x. Da $p(x)$ für jede Klasse c und für jeden beobachteten Merkmalsvektor x konstant ist, muß man zur Berechnung der a-posteriori-Wahrscheinlichkeit nur die Wahrscheinlichkeitsdichte $p(x|c)$ und $P(c)$ bestimmen. $P(c)$ kann als die relative Häufigkeit eines beobachteten Vektors der Klasse c bestimmt werden, d.h. wenn insgesamt n Vektoren beobachtet werden, wovon n_1 in der Klasse c_1 liegen, so ist die empirische Wahrscheinlichkeit $\hat{P}(c_1)$ gegeben durch:

$$\hat{P}(c_1) = \frac{n_1}{n} \tag{4.2}$$

Berechnung der Wahrscheinlichkeitsdichte P(x|c)

Die Bestimmung der Wahrscheinlichkeitsdichte $p(x|c)$ ist schwieriger als die Bestimmung der a-priori-Wahrscheinlichkeit $P(c)$. Eine einfache Technik verwendet hier Histogramme, bei denen der Vektorraum in gleichmäßige Intervalle eingeteilt wird. Alle beobachteten Vektoren, die einem Intervall zugeordnet werden können, werden gezählt und ihre Anzahl zu der aller beobachteten Vektoren in Relation gesetzt. Diese Technik kann nur eingesetzt werden, wenn die Anzahl der Intervalle im Vergleich zu der Anzahl der Vektoren klein ist [Ney95].

Beispielanalyse

Eine konkrete Analyse kann hier nicht vorgestellt werden, ohne die Anwendungsumgebung einzubeziehen. Um die Darstellung so allgemein wie möglich zu halten, wird hier auf die Konkretisierung verzichtet (siehe dafür z.B. [KZB96]).

Resultierende notwendige Bedingung für perfekte Unverkettbarkeit

Es gilt nach der Definition von perfektem Schutz von A. Pfitzmann (Definition 3.3, Definition 3.4 und Definition 3.5), daß der Angreifer durch Verkehrsanalyse keine Information über das Verkehrsverhalten eines speziellen Teilnehmers gewinnen darf. Anders formuliert: Ein perfektes Verfahren muß den Verkehr der Teilnehmer einer Gruppe auch über mehrere Anwendungen hinaus so „organisieren", daß ein spezieller Teilnehmer aufgrund der von ihm produzierten Verkehrsmuster nicht beobachtet werden kann. Zur Lösung dieser Aufgabe existieren zwei Möglichkeiten, die nicht ohne Scheinnachrichten auskommen:

- *Konstante Muster*: Alle Teilnehmer beteiligen sich deterministisch zu vereinbarten Zeiten an einer Anonymitätsmenge (koordiniertes Gruppenverhalten).

- *Zufälliges Muster*: Alle Teilnehmer beteiligen sich zufällig, gemäß einer Gleichverteilung, an einer Anonymitätsmenge (unkoordiniertes Gruppenverhalten).

Bei der Erzeugung eines konstanten Musters müssen entweder die Stationen absolut ununterscheidbar handeln, oder das Verfahren muß alle Stationen absolut gleich behandeln (siehe auch dazu [Pfit97], Seite 239). Soll in einem Netz möglichst zu jeder Zeit eine anonyme Kommunikation stattfinden können, dann muß trivialerweise ein konstantes Muster erzeugt werden. Dazu wird üblicherweise das Netz getaktet (siehe [PPW89]), und zu jedem Zeittakt erzeugen alle Teilnehmer einer Anonymitätsmenge die gleiche Anzahl von Nachrichten. Die meisten Nachrichten sind hier natürlich Scheinnachrichten.

Enfällt diese Zeitanforderung (z.B. bei asynchroner Kommunikation), dann kann der Aufwand der Teilnahme abgeschwächt werden: Ein Teilnehmer beteiligt sich zu zufälligen Zeitpunkten an einer Anonymitätsmenge. Existieren mehrere Anonymitätsmengen, dann wird unter diesen eine zufällig gewählt. Die Zufallsfunktion muß die Anforderungen der perfekten Sicherheit erfüllen. Wie schon aus der Kryptographie bekannt ist, muß diese Zufallsfunktion einer Gleichverteilung genügen. Da die Teilnahme an einer Anonymitätsmenge zu den zufälligen Zeitpunkten nicht immer mit einem Kommunikationswunsch korrelieren muß, müssen auch hier Scheinnachrichten verwendet werden.

In diesem Kapitel wird das zufällige Muster nicht näher betrachtet, da die Erweiterung der Techniken von einem konstanten zu einem zufälligen Muster eher technischer Art ist.

4.1.2 Einbettungsfunktion

Die Aufgabe der Einbettungsfunktion ist es, den perfekten Schutz innerhalb der organisierten n Teilnehmer (bzw. deren Stationen) zu erreichen. Die drei bekannten Grundverfahren erreichen diesen Schutzgrad (Kapitel 4.2, Kapitel 4.3 und Kapitel 4.4), wobei der Schutz des Empfängers am einfachsten zu realisieren ist.

Beispiel für eine Einbettungsfunktion: Beim Schutz des Empfängers ist die Einbettungsfunktion das *sichere* physikalische Verteilen von Nachrichten an alle n Teilnehmer. Dadurch wird der logische Empfänger unter den physikalischen Empfänger perfekt verborgen (perfekt eingebettet) (siehe[Pfit90]).

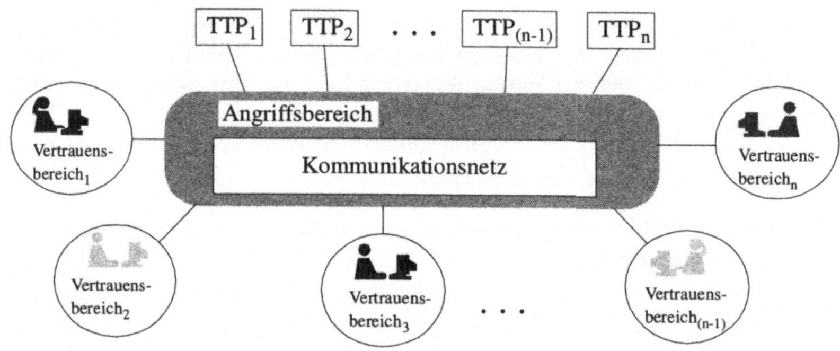

Abbildung 4-3: Szenario von Anonymisierungsverfahren

In der Abbildung 4-3 ist das Szenario nach der Organisation von n Teilnehmern dargestellt. Zur Realisierung der perfekten Unbeobachtbarkeit benötigen die Verfahren hier ebenso wie in der Kryptographie das Vorhandensein von Vertrauensbereichen. Die sicherheitskritischen Aufgaben des Verfahrens können nur in Vertrauensbereichen verwirklicht werden, da nur die Vertrauensbereiche per Definition absolut sicher vor dem Angreifer sind.

Beispiel Verteilung: Die Entschlüsselung der Nachricht und die darauffolgende Entscheidung, ob die Nachricht verworfen wird[1] oder nicht, muß in allen Empfängervertrauensbereichen realisiert werden.

Die Einbettungsfunktion ist offensichtlich ohne Wirkung, wenn die ausgetauschten Nachrichteninhalte den Sender oder den Empfänger offenbaren, da sie außerhalb der Vertrauensbereiche offen vorliegen. Es wird hier davon ausgegangen, daß die ausgetauschten Daten bei jedem Verfahren immer durch die Verwendung einer geeigneten Kryptographie Ende-zu-Ende im Vertrauensbereich verschlüsselt sind, ohne daß dies ausdrücklich vermerkt wird.

Zur Unterstützung der Verfahren können wieder dritte Instanzen (TTP) verwendet werden. Diese gehören nicht zum absoluten Vertrauensbereich und ihre Funktionalität muß aus diesem Grund auch hier

- so weit wie möglich verteilt realisiert sein und
- sich soweit wie möglich überprüfen lassen.

4.2 Schutz des Empfängers durch Verteilung und implizite Adressierung

Das einfache Verfahren zum Schutz des Empfängers wurde schon oben als Einführungsbeispiel vorgestellt (vgl. auch [FaLa75, Karg77, Waid85, Pfit90]): Zum Schutz der Verkehrsdaten werden die Nachrichten nicht direkt von einem Sender zu einem Empfänger vermittelt, sondern an möglichst viele Teilnehmer verteilt (Einbettungsfunktion). Ein Angreifer kann den tatsächlichen Teilnehmer aus der Menge der Empfänger nicht bestimmen.

4.2.1 Anonymitätsmenge – Angriffe auf die Anonymitätsmenge

Die Anonymitätsmenge bei der Verteilung bilden die Teilnehmer, an die dieselbe Nachricht verteilt (vermittelt) wird. Wenn man von einem passiven Angreifer ausgeht, so ist dies ausreichend, um einen sicheren Schutz des Empfängers zu gewährleisten. Betrachtet man jedoch einen aktiven Angreifer, so müssen weitere Mechanismen einbezogen werden. Eine allgemeine Untersuchung zu aktiven Angriffen auf die Verteilung findet sich in [WaPf89, Waid90].

---

1. Da sie für den Empfänger nicht lesbar ist.

Aktive Angriffe auf die Verteilung

Durch die Störung der Konsistenz der Verteilung können manche Empfänger zumindest teilweise deanonymisiert werden. So ist ein entsprechend starker Angreifer in der Lage, eine Nachricht abzufangen und die Übertragung an alle bis auf eine Station zu verhindern. Sollte diese antworten, ist sie als Empfänger der Nachricht enttarnt. Erhält der Angreifer keine Antwort, so wiederholt er seinen Angriff mit einer anderen Station. Wenn der Angreifer sogar einen längeren Dialog mit dem unbekannten Empfänger starten kann, besteht die Möglichkeit, diesen in einer logarithmischen Zeitkomplexität ausfindig zu machen. Hierzu schickt der Angreifer die erste Nachricht des Dialoges an die eine Hälfte der Netzteilnehmer. Wenn er eine Antwort erhält, kann er die betrachtete Gruppe weiter halbieren und so den Empfänger schnell einkreisen. Im anderen Fall untersucht der Angreifer die noch nicht betrachtete Komplementmenge.

Gegen diese Angriffsart können analoge und digitale Maßnahmen eingesetzt werden. Eine analoge Maßnahme besteht darin, ein Medium zu wählen, in dem die Gleichmäßigkeit (Konsistenz) der Verteilung garantiert wird (physikalischer Schutz).

Durch digitale Maßnahmen besteht die Möglichkeit, eine Inkonsistenz zumindest zu erkennen, falls diese nicht verhindert werden kann. Die Nachrichten können hierzu z.B. mit Sequenznummern, Uhrzeit etc. versehen und von einer Gruppe von Stationen unterschrieben werden, die nicht alle mit dem Angreifer zusammenarbeiten.

4.2.2 Bewertung des Verfahrens

In der Literatur exitieren keine eingehenden Untersuchungen über Gruppenverwaltungsmechanismen für den Schutz des Empfängers. Die Bildung einer sicheren Gruppe wird jedoch stets als strikt angenommen, da hier hauptsächlich aus Kostengründen Netze betrachtet werden, die die Aufgabe der Verteilung von sich aus erfüllen (Ethernet, Empfänger eines Satellitenkanals etc.) [Pfit90].

Betrachtet man jedoch das Verfahren ohne Netztopologieeinschränkungen, dann müßten die Teilnehmer über ein Register verwaltet werden. Somit kann offensichtlich der Empfängerschutz nur durch eine strikte Gruppenbildung ermöglicht werden. Aus diesem Grund bietet es sich hier an, konstante Muster zu erzeugen.

4.2.3 Automatische Erkennung der Nachrichten

Es können bei der Verteilung keine Vermittlungsdaten (explizite Adressen[1]) zur Erkennung der Pakete verwendet werden, da sie direkt die Verkehrsdaten offenbaren würden. Die korrekte

---

1. *Explizite Adressen* (z.B. ISDN-Nummern) beinhalten Information wie Netz, Subnetz, Teilnehmer (Netzanschluß). Aus diesen Vermittlungsdaten kann direkt auf die Verkehrsdaten geschlossen werden.

und effiziente Erkennung der Nachrichten wird deshalb durch die Verwendung von sogenannten *impliziten Adressen* realisiert. Daher werden die Pakete so adressiert, daß nur der Empfänger selbst erkennen kann, daß die Nachricht für ihn bestimmt ist. Damit kein Angreifer einen Zusammenhang der bei der Kommunikation verwendeten Adressen erkennen kann, sieht der Ansatz der impliziten Adressierung vor, das Aussehen der Adressierung (Bitmuster) fortlaufend und für Außenstehende unvorhersehbar zu ändern.

Mit Hilfe der impliziten Adressierung und der Verteilung wird die Unbeobachtbarkeit und Anonymität des logischen Empfängers der Nachricht innerhalb der Menge der physikalischen Empfänger sichergestellt. Wird jede Nachricht immer an dieselbe Empfänger-Anonymitätsmenge verteilt, dann ist der richtige Empfänger innerhalb der Gruppe perfekt unbeobachtbar. Die Verteilung an sich verkettet keine Verkehrsereignisse und bietet somit auch perfekte informationstheoretische Unverkettbarkeit [Pfit90].

Die automatische Erkennung von anonymisierten Nachrichtenpaketen durch implizite Adressen ist allgemein ein Grundbaustein bei der Verwirklichung anonymer und unbeobachtbarer Kommunikation und soll deshalb hier gesondert vorgestellt werden.

4.2.4 Implizite Adressierung

Die automatische Erkennung eines Pakets durch den tatsächlichem Empfänger wird durch implizite Adressen realisiert. Hier unterscheidet man gemäß der Sichtbarkeit der Adressierung zwei Strategien, nämlich die *verdeckte* und die *offene implizite Adressierung* [Waid85].

Verdeckte implizite Adressierung

Bei der verdeckten impliziten Adressierung ist nur der logische Empfänger fähig, die Adresse auszuwerten. Dies erreicht man durch die Verschlüsselung eines bestimmten Merkmals zusammen mit einem Teil der Nutzdaten (vgl. Abbildung 4-4). Nur die adressierte Station kann nach der Entschlüsselung anhand des vereinbarten Merkmals erkennen, daß die Nachricht an sie gerichtet ist.

Der Ablauf der verdeckten Adressierung gestaltet sich wie folgt. Zunächst muß zur *Initialisierung* eine Vereinbarung der beiden Kommunikationspartner bzgl. eines Merkmals und des Verschlüsselungsverfahrens (symmetrisch bzw. asymmetrisch) mit den entsprechenden Schlüsseln erfolgen.

Der Sender kann nun aus der bei ihm gespeicherten Schlüsselmenge (für jeden Kommunikationspartner einen Schlüssel) denjenigen herausgreifen, der dieser Kommunikation zugeordnet ist. Mit diesem verschlüsselt er das vereinbarte Merkmal zusammen mit dem vorgesehenen Teil der Nutzdaten.

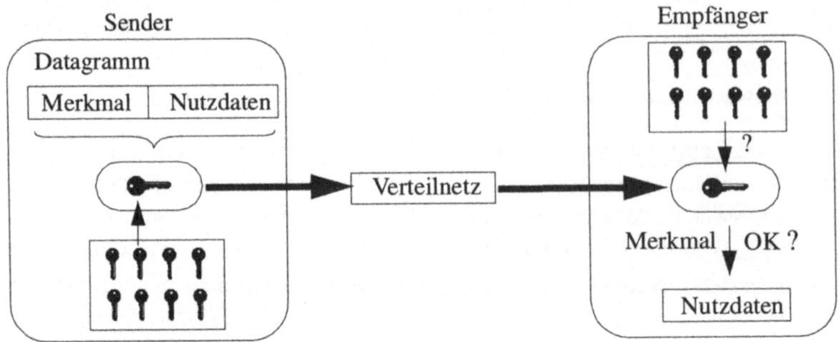

Abbildung 4-4: Symmetrisch verdeckte Adressierung

Dieses Kryptogramm wird nun an alle Stationen verteilt. Alle Stationen führen beim physikalischen Erhalt der Nachricht eine probeweise Entschlüsselung aus. Falls ein asymmetrisches Verschlüsselungsverfahren gewählt wurde, kann man sich darauf beschränken, dafür den privaten Schlüssel einzusetzen. Im Gegensatz dazu muß der Empfänger bei einem symmetrischen Verschlüsselungsverfahren das Paket mit mehreren Schlüsseln probeweise entschlüsseln (vgl. Abbildung 4-4). Dem Kryptogramm kann ja nicht angesehen werden, von welchem Sender es stammt. Der logische Empfänger zeichnet sich dadurch aus, daß das Kryptogramm nach der Entschlüsselung (mit dem richtigen Schlüssel) das vereinbarte Merkmal liefert.

Bei dem Merkmal kann es sich einerseits um ein Redundanzmerkmal, wie z.B. eine Checksumme der zugehörigen Nutzdaten, handeln. Bei dieser Realisierung benötigt eine Station neben dem Verschlüsselungsverfahren und dem zugeordneten Schlüssel keine eigentliche Adresse im engeren Sinne mehr. Statt der Checksumme kann ein direktes implizites Merkmal benutzt werden, welches ebenfalls verschlüsselt übertragen wird (z.B. ein schnellebiges Rollenpseudonym im digitalen Geschäftsverkehr, o.ä.). Hierbei kann man dann auch ganz auf die Hinzunahme von Nutzdaten zur Generierung der verdeckten Adressierung verzichten. Diese können dann separat Ende-zu-Ende verschlüsselt übertragen werden.

Insgesamt gilt, daß jede Station alle Nachrichten probeweise entschlüsseln muß, wodurch sich ein sehr hoher Aufwand für die Adreßerkennung ergibt.

Zur Verschlüsselung kommen asymmetrische und symmetrische Verschlüsselungssysteme in Frage. Erstere sind für eine Kontaktaufnahme notwendig, letztere sind weniger aufwendig und schneller. Es besteht die Möglichkeit, beide Verfahren zu kombinieren, indem jede Nachricht mit einem ausgezeichneten Bit beginnt, welches angibt, ob symmetrisch oder asymmetrisch verschlüsselt wurde.

Indeterministische Verschlüsselung

Bei der Verschlüsselung ist weiterhin zu beachten, daß verschlüsselte Standardnachrichten oder Adreßfelder bei der Übertragung nicht gleich aussehen dürfen, da sie sonst verkettbar sind. Dies kann evtl. schon durch das Kryptosystem gewährleistet werden, wenn dieses beinhaltet, dem Schlüsseltext ein zufälliges Aussehen zu verleihen (*indeterministisches Kryptosystem*). Sonst ist man gezwungen, zu diesem Zweck ein weiteres Verfahren einzusetzen, das z.B. wie folgt arbeiten kann:

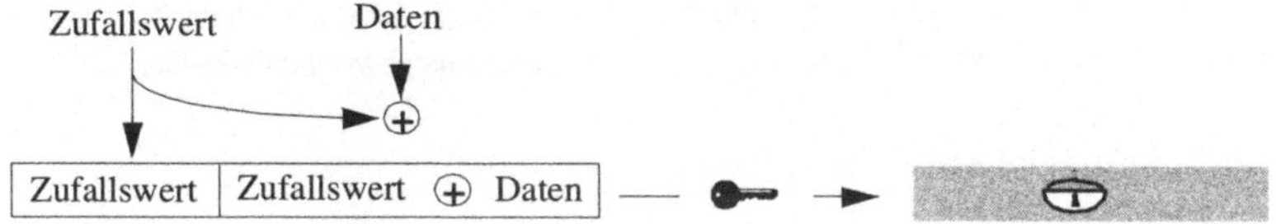

Abbildung 4-5: Indeterministisches Kryptosystem

Der Sender erzeugt hierzu einen (pseudo)zufälligen Einmalwert und bildet die Bitsumme modulo zwei mit der Nachricht. Dem Empfänger wird dann der Einmalwert zusammen mit dem zuvor erhaltenen Resultat verschlüsselt zugesendet. Dieser kann dann durch Hinzuaddieren des beim Entschlüsseln zurückgewonnenen Einmalwerts die ursprüngliche Nachricht erhalten. Je nach Kryptosystem können zur sicheren Verschlüsselung auch andere Maßnahmen, wie z.B. das Einstreuen von Zufallsbits oder die Einführung von Redundanzmerkmalen, notwendig werden. Ein Ansatz, um die Position der Zufallszahlen im Schlüsseltext zu verbergen, besteht darin, zunächst eine Verschlüsselung in einem vollständig anderen Kryptosystem durchzuführen. Dadurch werden die Positionen gemischt.

Offene implizite Adressierung

Im Gegensatz zur verdeckten sieht die offene implizite Adressierung ein unverschlüsseltes Adreßfeld vor. Der Empfänger erkennt durch direktes Vergleichen seiner aktuellen Adresse(n) mit der im Adreßfeld, daß die Nachricht für ihn bestimmt ist. Ein aufwendiges probeweises Entschlüsseln entfällt somit. Dabei ist es natürlich wichtig, daß die Adresse nicht fest bleibt, sondern fortlaufend mittels eines möglichst unvorhersagbaren Algorithmus geändert wird.

Zum effizienten Adreßvergleich kann ein Assoziativspeicher benutzt werden. Wenn dieser alle aktuell gültigen Adressen enthält, kann sehr schnell die in der Nachricht vorliegende Adresse überprüft werden. Adreßerkennung ist bei offener Adressierung also wesentlich effizienter möglich als bei verdeckter.

Für die dynamische Verwaltung von offenen Adressen gibt es verschiedene Strategien. Ein Ansatz läßt die beiden Kommunikationspartner jeweils verschlüsselt in der gesendeten Nachricht die Adresse mitübertragen, unter welcher sie die Antwort erwarten. Nachteilig an dem Ansatz des Mitübertragens ist aber, daß die abwechselnde Mitübertragung einen starren Dialog erzwingt. Hier müßte man eine Verfeinerung der Strategie vorsehen, bei der direkt mehrere Adressen übertragen werden.

Ein anderer Ansatz läßt die Parteien einen Algorithmus vereinbaren, der sie in die Lage versetzt, die zusätzlichen Daten für die Mitübertragung von Adressen zu vermeiden. Dies ist besonders bei längeren Dialogen sinnvoll. So können die beiden Kommunikationspartner sich anfangs z.B. auf einen Startwert für einen Algorithmus einigen (bzgl. eines Beispielalgorithmus siehe [BBS86]). Im Laufe der Kommunikation kann dann die jeweils nächste Adresse für die angesprochene Station durch Anwendung des Algorithmus gewonnen werden.

Eindeutigkeit der impliziten Adressen

Es ist das Problem zu berücksichtigen, daß Nachrichten prinzipiell aufgrund einer nicht eindeutigen impliziten Adressierung auch von anderen Stationen als den vorgesehenen logischen Empfängern ausgewertet werden können. Dies kann zu schwerwiegenden Störungen in der Kommunikation der beteiligten Prozesse führen.

Hinsichtlich der verdeckten Adressierung ist zu beachten, daß die vorhandenen Verschlüsselungsverfahren, wie z.B. RSA, eine hinreichende Eindeutigkeit gewährleisten. So ist sichergestellt, daß auch dann, wenn verschiedene Stationen gleichzeitig nach unterschiedlichen Merkmalen suchen, sich nur beim logischen Empfänger etwas Sinnvolles ergibt.

Weiterhin ist bei der Verwendung der offenen impliziten Adressierung zu berücksichtigen, daß evtl. verschiedene Stationen zur selben Zeit die gleiche Adresse generieren. Bei Verwendung von großen Adreßräumen und zufällig gewählten Adressen kann man die Wahrscheinlichkeit der Doppelbenutzung sehr klein machen (z.B. 10^{-16} bei Verwendung von 50 Bits) was sicherlich hinreichend ist.

Um aber auch dieses Risiko auszuschließen, könnte man zusätzlich in dem verschlüsselten Paket verdeckt den Empfänger festlegen, indem z.B. anhand einer Checksumme überprüft wird, ob die zusätzlich durchzuführende Entschlüsselung der Ende-zu-Ende-Verschlüsselung der Nutzdaten erfolgreich war.

Man erhält so eine Kombination von offener und verdeckter Adressierung, bei der die offene der verdeckten zum Geschwindigkeitsgewinn vorgeschaltet ist, bzw. die verdeckte der offenen folgt, um eine unkontrollierte Doppelbenutzung von Adressen auszuschließen. Je nachdem, wie die Gewichtung gewählt wird, reicht es aus, die offene und verdeckte Adressierung nur mit angemessenem Aufwand zu implementieren.

Kontaktaufnahme

Hinsichtlich der Adreßverwaltung kann man wie schon erwähnt zwischen privaten und öffentlichen Adressen unterscheiden. Öffentliche Adressen werden im Netz publiziert und sind z.B. in Adreßverzeichnissen enthalten. Auf der anderen Seite sind private Adressen nur den einzelnen Kommunikationspartnern bekannt und können z.B. als Absendereintrag in versendeten Nachrichten oder außerhalb des Netzes übermittelt werden.

Zur ersten Kontaktaufnahme zweier Kommunikationspartner wird also im Allgemeinen eine öffentliche Adresse benötigt. Dazu wird eine asymmetrisch verdeckte Adresse benutzt.

Die Kommunikation sollte nach der ersten Kontaktaufnahme aus Effizienzgründen auf eine offene implizite Adressierung umgestellt werden. Dazu wird mit der ersten Nachricht ein geeignetes offenes Adreßgenerierungs- und Erkennungsverfahren vereinbart.

Zusammenfassend sind in der folgenden Tabelle 4-6 die verschiedenen Adressierungs- und Adreßverwaltungsarten mit einer Bewertung dargestellt.

| | | **Adreßverwaltung** | |
		öffentliche Adresse	private Adresse
implizite Adresse	verdeckt	sehr aufwendig, für Kontaktaufnahme nötig	aufwendig
	offen	abzuraten	nach Kontaktaufnahme ständig wechseln

Tabelle 4-6: Kombination von Adreßverwaltungs- und Adressierungsarten mit Bewertung aus [Pfit90].

4.3   Überlagerndes Senden - DC-Netz

Ein Verfahren für Senderanonymität mit dem Namen DC-Netz als Abkürzung für Dining Cryptographers Network [Chau88] wurde von David Chaum vorgeschlagen (siehe auch [Pfit90, LPW91, PfWa91, CoBi95[1]]). Ein DC-Netz sendet für jedes Nutzbit auf dem unsicheren Netz n Schlüsselbits. Diese werden mit der XOR-Funktion summiert (siehe Vernam-Chiffre), so daß das Nutzbit perfekt in die n Schlüsselbits der n verschiedenen Teilnehmer eingebettet ist. Dies garantiert, daß der Sender innerhalb der n Teilnehmer perfekt geschützt ist.

---

1. In [CoBi95] wird ein dem überlagernden Senden ähnliches Verfahren zur unbeobachtbaren Abfrage von Datenbanken vorgestellt.

4.3.1 Einbettungsfunktion

Für das überlagernde Senden benötigen die beteiligten Stationen paarweise gemeinsame geheime Schlüssel, die so lang sind, wie die zu versendende Nachricht, und nur einmal verwendet werden dürfen (siehe Vernam-Chiffre auf Seite 14). Bei jedem Sendevorgang sind nun alle Stationen wie folgt beteiligt: Zunächst werden in jeder Station lokal die vorhandenen Schlüssel und evtl. die zu sendende Nachricht überlagert, d.h. es wird ausgehend von einer Binärdarstellung stellenweise die Summe modulo zwei (XOR) gebildet. Danach werden global die lokalen Ergebnisse überlagert und das Ergebnis wird an alle Teilnehmerstationen verteilt. Wenn nun genau eine Station eine Nachricht x sendet, entspricht die verteilte Gesamtsumme dieser Nachricht x, da ja alle Schlüsselwörter genau zweimal addiert werden, was eine Summe von Null ergibt (vgl. Abbildung 4-7).

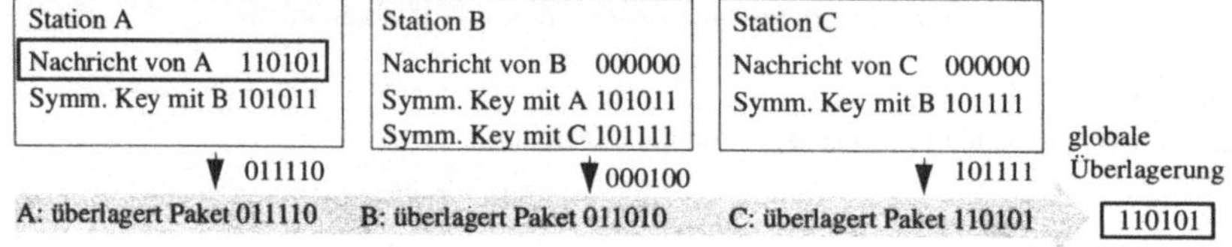

Abbildung 4-7: DC-Netz (siehe [Pfit90])

Falls von den n Teilnehmern mehrere in der gleichen Periode eine Nachricht senden möchten, ist das Ergebnis der globalen Überlagerung die XOR-Summe dieser Nachrichten. Dies wird als eine Kollision interpretiert und kann vom entsprechenden Sender beim Empfang überprüft werden. Anonymitätserhaltende Mehrfachzugriffsverfahren (z.B. Slotted Aloha) können solche Kollisionen auflösen [Tane96].

4.3.2 Bildung einer sicheren Gruppe

Das überlagernde Senden betrachtet alle Teilnehmer des Verfahrens als Knoten eines zusammenhängenden Schlüsselverteilungsgraphen (siehe Abbildung 4-8). Jeder Teilnehmer tauscht mit allen seinen Nachbarn im Graphen auf sicheren, also authentischen und geheimen, Kanälen Zufallsbitfolgen aus, die dann als Schlüssel dienen.

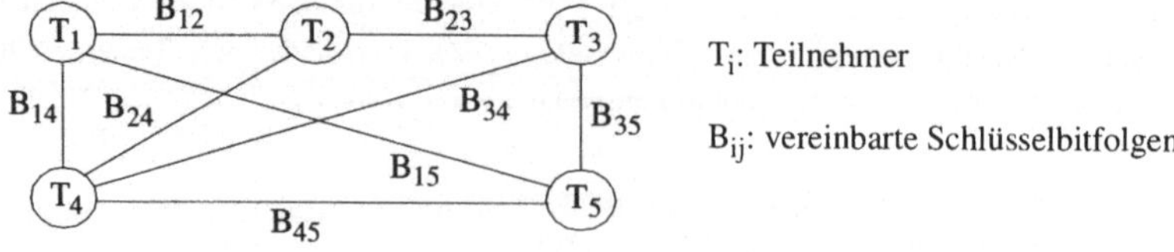

Abbildung 4-8: Beispiel eines Schlüsselverteilungsgraphen für das DC-Netz

Wie von Chaum dargestellt und von Pfitzmann [Pfit90] allgemein bewiesen, garantiert das Verfahren die Anonymität des Senders und, durch die Verteilung, auch des Empfängers in perfekter Weise, solange der Angreifer nicht soviele Schlüsselbitfolgen (echte Zufallszahlen) kennt, daß bei Entfernung der entsprechenden Kanten aus dem Schlüsselverteilungsgraphen dieser in mehrere Zusammenhangskomponenten zerfällt. Sogar dann kann der Angreifer den Sender nicht identifizieren, solange er nicht von allen Nachbarn des Senders die Bitfolgen kennt, die diese mit dem Sender vereinbart haben (siehe [Pfit97]).

Ein DC-Netz bietet nicht nur einen perfekten Schutz, wenn ein passiver Angreifer betrachtet wird, sondern auch bei einem aktiven, verändernden Angreifer. Hier wird lediglich die Verfügbarkeit des ganzen Verfahrens gestört. Betrachtet man jedoch einen verändernden Angriff bei einem längeren Dialog zwischen zwei Teilnehmern, so kann ein Angriff auf den anonymen Empfang stattfinden. Dieser Angiff läßt sich vereiteln, indem die verteilten Nachrichten in die Schlüsselgenerierung selbst einbezogen werden (siehe mehr dazu [WaPf89, Waid90]).

4.3.3 Bewertung des Verfahrens

Ein DC-Netz bildet durch die Bildung eines Schlüsselverteilungsgraphen eine strikte Gruppe. Dies verhindert die spontane Kommunikation und erhöht zugleich den Schutz, den das Verfahren den Teilnehmern anbieten kann.

Das Verfahren selbst muß synchronisiert ablaufen. Alle Teilnehmer müssen im i-ten Sendeintervall das i-te Nachrichtenpaket mit den entsprechenden lokalen Schlüsseln überlagern. Überlagert eine Station einen falschen Schlüssel, dann ist das Resultat nicht lesbar, ohne daß eine Kollision stattgefunden hat. Ein Betriebsmodus, der solch ein Verfahren unterstützt, sollte einem Netztakt folgen und somit konstante Muster erzeugen.

4.4 Schutz der Kommunikationsbeziehung

Der Schutz der Kommunikationsbeziehung wird mit Hilfe eines oder mehrerer Zwischenknoten realisiert. Die Grundidee eines solchen Zwischenknotens kennt man von der Wahlurne: Von ihrem Erscheinungsbild her sich nicht unterscheidende Wahlzettel werden gesammelt und ihre Reihenfolge wird durch Schütteln der Urne vertauscht. Die Menge der Wähler bildet eine Anonymitätsmenge, innerhalb derer die Stimmen den Wählern nicht zugeordnet werden können (sind z.B. n Wahlzettel in der Urne, hat die Anonymitätsmenge die Größe n).

4.4.1 Die MIX-Methode

Das Verfahren zum Schutz der *Kommunikationsbeziehung* in Vermittlungsnetzen durch *MIXe* wurde von David Chaum erstmals in [Chau81] vorgeschlagen und in weiteren Arbeiten [PfWa87, PPW88, Pfit90, PfPf89, PPW91, Pfit93, Cott95] ausführlich diskutiert und erweitert.

Das MIX-Verfahren hat das Ziel, die Nachrichtenvermittlung vom Sender bis zum Empfänger durch den Einsatz von Zwischenknoten, sogenannten MIX-Stationen, unverfolgbar zu machen (Untraceability). Dazu sammelt eine MIX-Station *genügend viele* Datenpakete von *genügend vielen Absendern* (englisch batch, deutsch Stapel oder Schub genannt) und gibt sie so verändert wieder aus, daß ein *Externer* ein Eingangspaket nicht zu einem Ausgangspaket verketten kann. Der Begriff „Extern" bezeichnet alle Beteiligten, ausgenommen den Paketgenerierer und die betrachtete MIX-Station (siehe Abbildung 4-9).

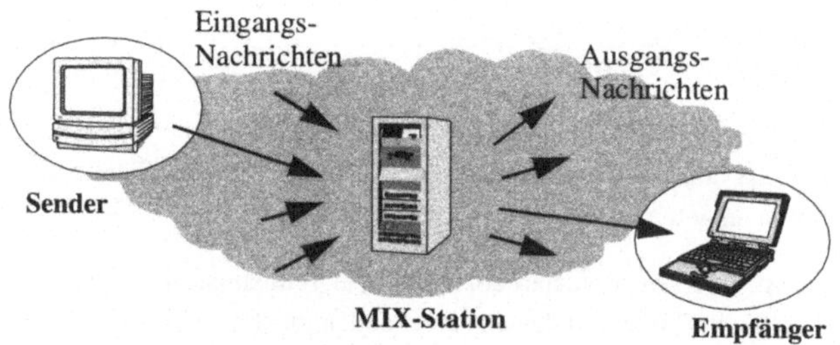

Abbildung 4-9: Zwischenknoten schützen die Kommunikationsbeziehung

Da der Paketgenerierer sein eigenes Paket verfolgen und somit den Empfänger beobachten kann, wird durch das obige Schema maximal nur perfekte Senderanonymität erreicht. Eine Methode zur Empfängeranonymität wird in der Orginalarbeit von Chaum unter dem Namen *Anonyme Rückadressen* angegeben. Die Methoden zur Senderanonymität und zur Empfängeranonymität können kombiniert werden, so daß die MIX-Methode komplett anonyme Kommunikation ermöglicht. In dieser Arbeit wird nur die Methode der Senderanonymität betrachtet und die Erweiterung zur Empfängeranonymität im Anhang A vorgestellt.

Die MIX-Methode ist ein typisches Beispiel für eine asynchrone Kommunikation (Store-and-Foreward). Aus diesem Grunde schlägt Chaum in seiner Orginalarbeit zwei Anwendungen zur Umsetzung dieser Idee vor: Elektronische Post (Email) und anonyme Wahlen. Der Vorteil der asynchronen Technik ist, daß die Teilnehmer unabhängig voneinander operieren können und ihre Nachrichtensendung nur dann zu starten brauchen, wenn sie auch tatsächlich etwas zu versenden haben. Allerdings ist in diesem Fall die Wartezeit eines Pakets unbestimmt, da die MIX-Station erst dann die Pakete bearbeiten kann, wenn der Schub gemäß der obigen Anforderung voll ist. Synchronisiert man die Teilnehmer so, daß sie in einem bestimmten Zeitintervall eine bestimmte Anzahl von Nachrichten einspeisen, so verkürzt sich die Wartezeit (siehe dazu [PPW89]).

4.4.2 Einbettungsfunktion

Eine vermittelte Nachricht kann durch eine Zwischenstation nur dann vor Beobachtungen geschützt werden, wenn kein Kennzeichen der Nachricht dem Angreifer dazu dienen kann, die Eingangsnachricht mit der Ausgangsnachricht in Beziehung zu setzen. Die Kennzeichen übermittelter Nachrichten bestehen aus:

- Aussehen und Inhalt: *Adreßinformation*, *Bitmuster* und *Länge*
- zeitlichen wie räumlichen Zusammenhängen, d.h. der *Reihenfolge*.

In den nächsten Abschnitten werden die Techniken vorgestellt, die die obigen Kennzeichen schützen.

Adreßinformation

Ein zu vermittelndes Paket beinhaltet immer einen Adreßteil (z.B. Quelladresse A und Zieladresse B [A|B|Nachricht]). Um anonymes Vermitteln zu gewährleisten, muß der Adreßteil vor einem Angreifer geschützt werden (d.h. die Beziehung A↔B muß geschützt werden). Dazu wird das Prinzip „Briefumschlag im Briefumschlag" angewandt. Der Teilnehmer A wählt eine MIX-Station i und leitet die Nachricht für B wie folgt über sie um:

- [MIX_i|B|Nachricht] wird mit dem öffentlichen Schlüssel der MIX-Station i verschlüsselt: $c_{MIX(i)}$([MIX_i|B|Nachricht]) und
- [A|MIX_i|$c_{MIX(i)}$([MIX_i|B|Nachricht])] wird zur MIX-Station gesendet.

Nach dem Empfang und der Entschlüsselung des Nachrichtenpakets mit $d_{MIX(i)}$ findet die MIX-Station ein Paket mit Zieladresse B vor und leitet es entsprechend weiter. Die Information A↔B bleibt somit außer der MIX-Station und dem Sender allen anderen verborgen.

Aussehen – Bitmuster und Länge

Da die zu sendenden Daten der verschiedenen Teilnehmer unterschiedlich sind, haben verschiedene Pakete auch verschlüsselt nicht dasselbe physikalische Aussehen (Bitmuster). Daher muß das Aussehen der Pakete in den Zwischenknoten verändert werden, damit eine vom MIX weitergeleitete Nachricht nicht einer spezifischen eingegangenen Nachricht zugeordnet werden kann. Diese Veränderung der Bitmuster wird eigentlich durch die Verschlüsselung beim Schutz der Adreßinformation erfüllt. Der Angreifer hat hier zwei Angriffsmöglichkeiten, um an die Veränderung der Bitmuster zu gelangen:

- Der Angreifer fängt das Paket zwischen Sender und Empfänger ab und bricht das Kryptosystem der MIX-Station.

- Der Angreifer fängt alle Ausgangs-Pakete ab und verschlüsselt sie mit dem öffentlichen MIX-Schlüssel und vergleicht sie mit den eingegangenen Nachrichten.

Der erste Angriff wird durch die Verwendung eines sicheren Kryptoverfahrens vereitelt, der zweite Angriff durch das Verwenden von indeterministischen Kryptosystemen (Siehe „Indeterministische Verschlüsselung" auf Seite 47.):

> Beim indeterministischen Kryptosystem wird das zu verschlüsselnde Paket mit einer hinreichend großen geheimen Zufallszahl kombiniert, die die MIX-Station bei der Weiterleitung entfernt. Der Angreifer müßte die Zufallszahl raten, um Erfolg mit dem obigen Angriff zu haben (siehe auch [PfPf89]).

In dieser Arbeit wird vorausgesetzt, daß das verwendete Kryptosystem diesen Indeterminismus von selbst erzeugt, ohne daß der Sender die Zufallszahl hinfügen muß.

Länge

Damit Eingangsnachrichten nicht durch Vergleich der Nachrichtenlänge den Ausgangsnachrichten zugeordnet werden können, werden die Datenpakete entweder durch Splitten oder durch Hinzufügen von „Padding-Bits" auf die gleiche Länge gebracht.

Reihenfolge – Sortierung

Um die Anonymität der Teilnehmer zu gewährleisten, sammelt die MIX-Station eine Anzahl von Datenpaketen von verschiedenen Teilnehmern (Bildung einer Anonymitätsmenge) und gibt sie in einer für einen Angreifer nicht nachvollziehbar veränderten Reihenfolge aus.

Gemäß der Anforderung auf Seite 43 sollte die Veränderung der Reihenfolge für den Paketgenerierer so weit wie möglich nachvollziehbar sein. Es wird in der Literatur deshalb empfohlen (siehe [Pfit97]), die Änderung der Reihenfolge nach der Entschlüsselung durch eine lexikographische Sortierung vorzunehmen. Dadurch kann die MIX-Station durch die Endteilnehmer auf korrekte Arbeitsweise überprüft werden. Jeder Sender kennt seine eigene Nachricht und kann bei der Ausgabe kontrollieren, ob die Position der eigenen Nachricht im ausgegebenen Schub korrekt ist.

Die Sortierung hat weiterhin auch den Vorteil, daß die Eingangs-Nachrichten in maximal zufälliger Reihenfolge ausgegeben werden, da die Sortierung der Ende-zu-Ende verschlüsselten Nachrichten (zufälliges Bitmuster) in einer maximalen Streuung resultiert.

Protokoll bei Verwendung einer MIX-Station

Das Protokoll bei der Verwendung einer MIX-Station M_i kann aus der obigen Beschreibung direkt hergeleitet werden (siehe folgende Abbildung 4-10):

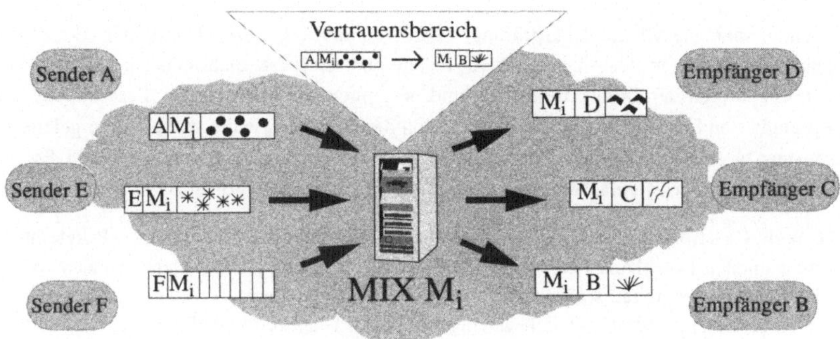

Abbildung 4-10: MIX-Station

Sender A:

- Wählt eine MIX-Station mit der Adresse M_i.
- Generiert ein Nachrichtenpaket mit konstanter Länge mit der Emfängeradresse B und der Senderadresse der MIX-Station: $[M_i, B, Nachricht]$.
- Verschlüsselt das Paket mit dem öffentlichen Schlüssel der MIX Station $\{Nachricht\}:= c_{M_i}[M_i, B, Nachricht]$.
- Fügt entsprechende Adreßinformationen zu: $[A, M_i, \{Nachricht\}]$.

MIX-Station M_i:

- Ignoriert Nachrichtenwiederholungen.
- Entschlüsselt die Nachrichtenpakete mit dem privaten Schlüssel d_{M_i}.
- Sammelt genügend viele Pakete von genügend vielen Absendern zu einem Schub.
- Sortiert die Pakete anhand des Ende-zu-Ende verschlüsselten Nachrichtenteils und vermittelt sie in dieser sortierten Reihenfolge weiter.

4.4.3 Bildung einer sicheren Gruppe

Die Sammlung von *n Nachrichtenpaketen von n verschiedenen Teilnehmern* kann auf zwei verschiedene Weisen sichergestellt werden:

Offline: Die von den Teilnehmern gesendeten Pakete sind digital signiert. Die MIX-Station überprüft die digitalen Signaturen beim Empfang der Pakete und kann somit die obige Anforderung erfüllen (siehe bzgl. Signaturen [Pfit96]).

Online: Die MIX-Station baut einen sicheren Kanal zu dem entsprechenden Teilnehmer auf und fordert online eine Bestätigung *ACK* (Acknowledgement) an.

Verwendet man die Offline-Überprüfung, dann ist ein *Replay-Angriff* möglich. Bei einem Replay-Angriff kopiert der Angreifer Input-Pakete und sendet sie mehrmals zur MIX-Station. Da die Signaturen der Duplikate korrekt sind, akzeptiert die MIX-Station diese Pakete. Bei Einspielung von Duplikaten gibt die MIX-Station die gleichen wie die vorher weitergeleiteten Pakete aus, womit der Angreifer die Ausgangspakete der Duplikate identifizieren kann. Es gibt eine Möglichkeit, den Replay-Angriff autonom durch die MIX-Station abzuwehren:

Lokale Datenbank: Die MIX-Station speichert alle erfolgreich bearbeiteten Pakete in einer lokalen Datenbank und vergleicht diese mit jedem neu ankommenden Paket. Ist das Paket ein Duplikat, so wird es verworfen. Die Menge der dazu in einer Datenbank zu speichernden Daten läßt sich verringern, indem Hashwerte der Pakete gespeichert werden. Durch den Einsatz von Zeitstempeln in Verbindung mit den Signaturen, die den spätesten zulässigen Zeitpunkt der Bearbeitung durch den MIX angeben, läßt sich die Menge der zu speichernden Daten konstant halten [Sied97]. Nach Ablauf des Zeitstempels werden die Daten des Pakets aus der Datenbank entfernt, da die MIX-Station anhand des abgelaufenen Zeitstempels die Duplikate erkennen kann. Wenn das Schlüsselpaar des MIXes gewechselt wird, können alle früheren Pakete aus der Datenbank gelöscht werden (siehe auch [Pfit90]).

4.4.4 Sicherheitsbetrachtung

Ein omnipräsenter Angreifer kann ein Paket nur von der Quelle bis zur MIX-Station M_i beobachten. Die beobachtbare Adreßinformation und das Bitmuster verraten das eigentliche Ziel des Pakets nicht. Die MIX-Station wartet, bis sich n Pakete von n verschiedenen Teilnehmern im Schub befinden und wendet die obigen Prozeduren in ihrem Vertrauensbereich an. Sie entfernt die Adreßteile der Pakete und entschlüsselt die Nachrichtenteile mit dem geheimen Schlüssel. Aus den entschlüsselten Nachrichtenteilen treten Pakete mit separaten Adreßteilen und neuen Bitmustern hervor. Eine Sortierung verändert die Reihenfolge der Pakete. Ein Angreifer kann somit die Pakete nicht anhand ihrer Paketlänge, ihres Bitmusters oder ihrer Reihenfolge verfolgen.

Für perfekte Unverkettbarkeit bei mehrfacher Nachrichtensendung über die MIXe ist die Erzeugung eines konstanten Musters mit der folgenden Erweiterung nötig [Pfit90]:

- Jeder Teilnehmer muß die gleiche, maximale Anzahl an Nachrichten mit den vereinbarten Längen in jeden Stapel einbringen. Alle Pakete durchlaufen alle MIX-Stationen in gleicher Reihenfolge.

- Möchte ein Teilnehmer zu einem Zeitpunkt weniger als die Maximalzahl echter Nachrichten versenden, so verschickt er so viele Scheinnachrichten, daß die Gesamtzahl erreicht wird.

- Die Ausgabenachrichten werden darüberhinaus an alle Teilnehmer verteilt und über implizite Adressen erkannt.

Dieses Vorgehen verbirgt durch die Scheinnachrichten sowohl die Tatsache des Sendens als auch die Anzahl der versandten Nachrichten. Durch die Verteilung der Nachrichten wird die Tatsache des Empfangens wie auch die Anzahl der empfangenen Nachrichten verborgen. Unter der Voraussetzung, daß kein Angreifer die eingesetzte Kryptographie bricht, sind die Kommunikationsbeziehungen für den Angreifer perfekt unsichtbar, solange der MIX ehrlich arbeitet und nicht alle anderen Teilnehmer gegen den verbleibenden konspirieren. Sogar wenn der Empfänger einer Nachricht mit dem Angreifer zusammenarbeitet, ist die Identität des Senders geschützt.

Wenn zu jeder Zeit jeder Teilnehmer eine feste Anzahl von Nachrichten versendet, die die MIX-Stationen in gleicher Reihenfolge durchlaufen, dann ist das System so deterministisch, daß evtl. sich auch verborgene Kanäle (Covert, Hidden Channel) im System ausschließen lassen, da die jeweils zu mixenden Nachrichten sowie die Zeitverhältnisse exakt vorgegeben sind ([Pfit97], siehe auch [PoK178], [Denn82] Seite 281).

Die Schutzgrenze bei der perfekten Verwendung einer einzigen MIX-Station beruht auf dem uneingeschränkten Vertrauen (Unconditional Trust) in diese Station. Damit die Teilnehmer nicht nur von einer einzigen MIX-Station abhängig sind, werden N MIX-Stationen verwendet und das Vertrauen gleichmäßig auf sie verteilt (vergl. mit Seite 19).

4.4.5 Erhöhung der Sicherheit durch Verwendung von N MIXen

Bei der Verwendung von N MIX-Stationen müssen die Techniken zum Schutz von Aussehen und Inhalt sowie zur Bildung einer sicheren Anonymitätsmenge erweitert werden. Das Verfahren soll den maximal erreichbaren Schutz (also den perfekten Schutz) gewährleisten, selbst wenn von den N verwendeten MIX-Stationen N-1 beliebige MIX-Stationen korrupt sind. Gleichmäßige Verteilung von Vertrauen bedeutet somit, daß das Verfahren maximalen Schutz bietet, wenn nur eine einzige MIX-Station von den N gewählten Stationen korrekt arbeitet, d.h. nicht mit dem Angreifer zusammenarbeitet.

Problematik der gleichmäßigen Wissensverteilung

Der Schutz von Aussehen und Inhalt muß von jeder MIX-Station unabhängig geleistet werden. Die verwendeten Schlüssel sollten nichts über den Sender sowie den Empfänger der Nachricht verraten. Es ist schwer möglich zu verhindern, daß die erste MIX-Station die Sender und die letzte MIX-Station die Empfänger kennt. Die „mittleren" MIXe sollten jedoch zu einem Paket weder den Sender noch den Empfänger identifizieren können, sonst würde das Verfahren keinen Schutz bieten.

Wenn eine der „mittleren" MIX-Stationen ein Paket z.B. einem Sender zuordnen kann, kann man zur Bewertung der Sicherheit gemäß der obigen Annahme[1] die nachfolgenden MIXe einschließlich der betrachteten „mittleren" MIX-Station als korrupt annehmen. Somit würde das Verfahren keinen Schutz bieten.

Schutz von Aussehen und Inhalt

Durch die Anwendung der asymmetrischen Kryptographie kann ein Teil der obigen Anforderungen erfüllt werden. Das physikalische Aussehen (Bitmuster) ändert sich bei jeder MIX-Station so, daß kein Externer dies nachvollziehen kann. Jeder MIX besitzt dazu ein Schlüsselpaar aus öffentlichem und privatem Schlüssel:

(c_i, d_i) der MIXe M_i $(i=1...N)$.

Der Sender verschlüsselt sukzessive die Nachricht m_{N+1} und beginnt mit dem Schlüssel des letzten MIXes:

$$m_i = c_i(D_i, m_{i+1}) \text{ für } i=N, N\text{-}1, ..., 1 \tag{4.3}$$

D_i steht für weitere Daten, die für MIX_i bestimmt sind. Dies kann z.B. die Adresse des nächsten MIXes und ein Zeitstempel sein.

Wird bei der Versendung immer eine feste Route genommen, so daß alle Pakete einer Anonymitätsmenge im gleichen Intervall alle N MIXe durchlaufen, dann wird dies als eine MIX-Kaskade bezeichnet. Dürfen die Teilnehmer eine Anzahl von MIX-Stationen unabhängig von den anderen Teilnehmer wählen, so wird dies als ein MIX-Netz bezeichnet. Da die Schutzfunktion des MIX-Netzes geringer ist als die der Kaskade ([Pfit97] S. 264), wird in diesem Kapitel nur die MIX-Kaskade behandelt.

---

1. Von N verwendeten MIXen dürfen N-1 beliebige korrupt sein.

MIX-Kaskade

In der Abbildung 4-11 ist eine Kaskade mit $N=2$ angegeben. Da bei der Kaskade die Reihenfolge der MIXe vorgegeben ist, kann auf die explizite MIX-Adressierung verzichtet werden.

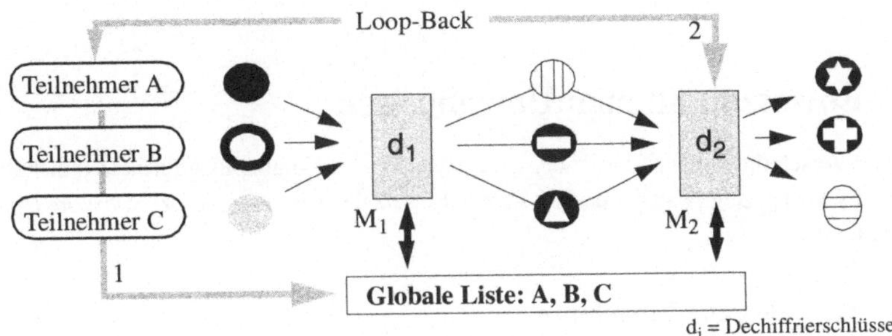

Abbildung 4-11: MIX-Kaskade

Senderprotokoll: A beginnt mit MIX M_2 und berechnet das Paket $m_2 = [c_2([B, m_3])]$, wendet die Prozedur rekursiv an und erhält:

$$m_1 = [A, M_1, c_1(m_2)] = [A, M_1, c_1([c_2([B, m_3])])].$$

MIX-Protokoll: M_i sammelt n Pakte von n verschiedenen Teilnehmern, entschlüsselt sie und leitet sie weiter ($i=1,2$).

Bildung der sicheren Anonymitätsmengen bei der Kaskade

Die erste MIX-Station unterscheidet sich nicht von der Nutzung einer einzigen MIX-Station. Da die Sender allgemein „bekannt" sind, kann hier jeweils die Online- oder Offline-Variante zur Bildung der Anonymitätsmenge verwendet werden (siehe Kapitel 4.4.3)

Die zweite MIX-Station kann die Offline-Variante nicht verwenden, da sie bei der Überprüfung der Signaturen die jeweiligen Sender der Pakete identifizieren würde. Hier muß eine anonyme Online-Variante angewandt werden, da sonst z.B. M_1 einen $(n-1)$-Angriff starten kann.

Anonymer Loop-Back: Die Teilnehmer tragen sich für ein Zeitintervall in eine globale Liste ein. Die MIX-Stationen kennen über die globale Liste die Teilnehmer und können beim Empfang der n Nachrichten die Teilnehmer kontaktieren. Die Teilnehmer müssen nach dieser Anfrage (request) der Folge-MIXe anonym antworten können. Das folgende Protokoll kann dazu verwendet werden:

- Jede Folge-MIX-Station sendet auf einem sicheren Kanal alle empfangenen Pakete (oder die Bilder der Hashfunktionen) zeitgleich[1] an alle Teilnehmer der Liste.

- Antworten alle Teilnehmer positiv, dann kann die nachfolgende MIX-Station davon ausgehen, daß die Pakete korrekt weitergeleitet wurden, ohne daß der MIX weiß, welches Paket von welchem Teilnehmer stammt.

4.5 Einsatz in offenen Umgebungen

In diesem Abschnitt soll der Einsatz der Grundverfahren in Kommunikationsnetzen diskutiert werden. Es wird gezeigt, daß der perfekt sichere Einsatz der Verfahren die *geschlossene Umgebung* bedingt.

4.5.1 Geschlossene Umgebung

Die betrachteten Grundverfahren benötigen Teilnehmerwissen. Ist dieses Wissen vorhanden, kann durch Anwendung einer Identifikationsprozedur eine sichere Gruppe gebildet werden (siehe Abbildung 4-12).

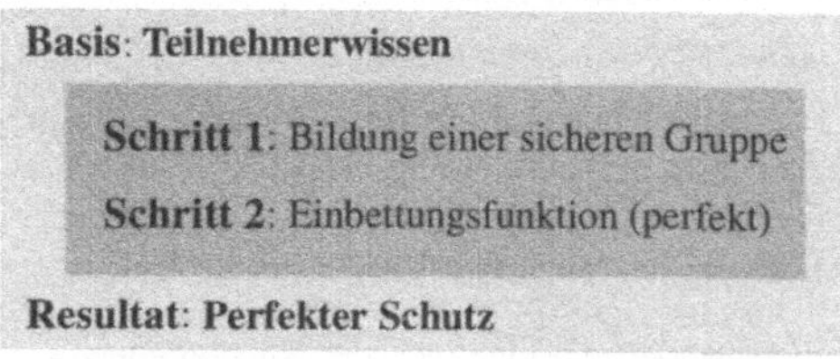

Abbildung 4-12: Schema des Einsatzes von perfekten Verfahren

Nach der Bildung der perfekt sicheren Gruppe müssen die Anforderungen der perfekten Einbettungsfunktion erfüllt werden. Beide Bestandteile eines perfekten Anonymisierungsverfahrens stellen hohe Anforderungen an die Struktur und Leistungsfähigkeit der benutzten Netze. Dies resultiert nicht nur aus der Tatsache, daß die Teilnehmer sehr viele Scheinnachrichten erzeugen müssen, sondern auch aus der Tatsache, daß diese Pakete verteilt werden müssen. Die Verteilung senkt die Leistungsfähigkeit eines Netzes drastisch, so daß dies in offenen Umgebungen nicht akzeptiert werden kann. Im folgenden soll dieser Zusammenhang zwischen perfektem Schutz und hohem Aufwand nachgewiesen werden.

---

1. Hier besteht die Gefahr, daß eine Folge-MIX-Station einen aktiven Angriff auf die Verteilung vornimmt (siehe Seite 44 und für Gegenmaßnahmen [WaPf89], [Waid90]).

Verteilung

Die perfekte Verteilung ist nur dann sinnvoll, wenn sie auch mit der Größe der Anonymitätsmenge einhergeht, d.h. die Größe der Anonymitätsmenge wird maximiert, um den einzelnen
Empfänger so weit wie möglich zu verbergen. Da diese Anforderung mit einem sehr hohen
Aufwand einhergeht, kann das Verfahren nicht bei jedem Netztyp angewandt werden. Am
praktischsten nutzt man ein Broadcastnetz (Verteilnetz). Beispiele hierfür sind LAN-Netze
sowie Satelliten-, Mobilfunk- und Ringnetze. In Vermittlungsnetzen ist eine vollkommene Verteilung im gesamten Netz aus Leistungsgründen nicht möglich. Daher werden solche Netze in
hierarchische Teilnetze aufgeteilt. Der Teilnehmer ist hier nur noch unter den Benutzern des
entsprechenden Teilnetzes verborgen.

DC-Netze

Es gibt gegen den Einsatz der DC-Netze in offenen Umgebungen zwei Einwände:

- In einem beliebigen Netz müssen die Teilnehmer so synchronisiert werden, daß die
  Überlagerungen (XOR-Addition der Pakete) mit den vereinbarten Schlüsseln in jedem
  Zyklus korrekt ausgeführt werden. Da jeder Schlüssel koordiniert (je zwei Teilnehmer
  benutzen denselben Schlüssel) nur einmal verwendet wird, darf es nicht dazu kommen,
  daß eine Station einen falschen Schlüssel benutzt. Für eine sich dynamisch ändernde
  Gruppe (und somit auch Schlüsselverteilungsgraphen) ist dies unabhängig von der
  Netztopologie eine schwierige und aufwendige Aufgabe.
- Alle Additionsergebnisse müssen an alle Teilnehmer verteilt werden.

Die DC-Netze sind somit nur für die Anwendung in geschlossenen Umgebungen geeignet, da
der einzelne Teilnehmer in jedem der Zyklen stark einbezogen wird und die Verteilung der
Nachrichten einen sehr großen Aufwand bedeutet.

MIXe

Um *perfekten* Schutz zu erreichen, müssen folgende Operationen durchgeführt werden:

- Alle Pakete mit der gleichen Länge müssen in einem betrachteten Zeitintervall alle
  MIXe jeweils gleichzeitig und in gleicher Reihenfolge durchlaufen ([Pfit97] Seite 257).
- Jede MIX-Station außer der ersten MIX-Station muß alle empfangenen Nachrichtenpa-
  kete an alle potentiellen Sender verteilen (anonymer Loop-Back), sonst ist ein $(n-1)$-
  Angriff möglich (siehe Seite 57).
- Die durchgelaufenen Pakete (oder die Bilder der Hashfunktionen der Pakete) werden
  anschließend an alle potentiellen Empfänger verteilt.

Zum ersten Punkt: Die Teilnehmer in einer offenen Umgebung (z.B. Internet) können im Allgemeinen nicht wissen, in welchen Schüben noch eine Nachricht mit der entsprechenden

Länge fehlt, wenn nicht fest vorgeschrieben wird, wer welche MIXe (bzw. MIX-Kaskaden) benutzen soll. Diese Festlegung würde jedoch zu einer geschlossenen Umgebung führen.

Zum zweiten Punkt: Der anonyme Loop-Back an jeder MIX-Station führt offensichtlich zu einer solchen Netzbelastung, daß dies nicht akzeptabel ist.

Resümee

Die einzelnen Anforderungen können nur in geschlossenen Umgebungen realisiert werden. Aus einer ähnlichen Analyse heraus schlägt A. Pfitzmann in seiner Arbeit [Pfit90, PPW92] eine Neustrukturierung der Kommunikationsnetze vor, so daß die Verfahren im lokalen Bereich für eine begrenzte Anzahl von Teilnehmern perfekt angewendet werden können (siehe Abbildung 4-13).

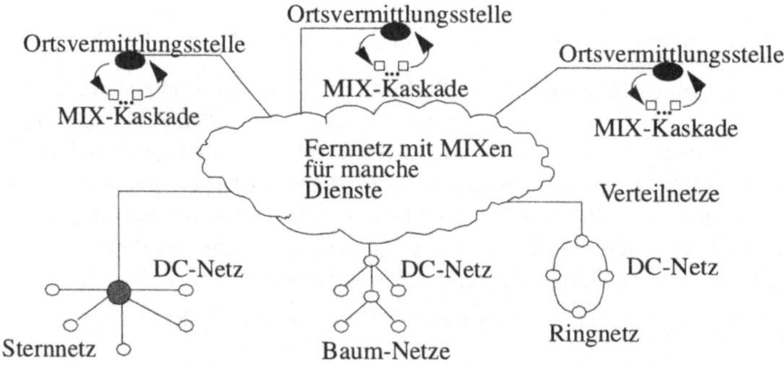

Abbildung 4-13: Netzgestaltung nach A. Pfitzmann aus [Pfit90]

In der obigen Abbildung wird als einziges einsetzbares Verfahren im Fernnetz das MIX-Verfahren in Betracht gezogen. Dieser Punkt soll im nächsten Abschnitt erläutert werden.

4.5.2   Offene Umgebung und Einsatz von MIXen

Im Fernnetz können die Grundverfahren DC-Netz und Verteilung nur dann eingesetzt werden, wenn sich eine kleine, geschlossene Gruppe von Teilnehmern darauf verständigt. Die Gründe dafür sind:

- Die Gruppenbildung bei diesen Verfahren wird durch die Endteilnehmer selbst realisiert.

- Diese Verfahren kommen nicht ohne Erzeugung von zusätzlichem Verkehr aus.

- Für eine Sender- und Empfängeranonymisierung müssen die beiden aufwendigen Verfahren kombiniert werden.

Im Gegensatz zu DC-Netzen und Verteilung können die MIXe in offenen Umgebungen im Prinzip eingesetzt werden, wenn

(1) die Schutzanforderung von *perfekt* auf eine schwächere Schutzanforderung abgeschwächt wird, und

(2) das Problem des anonymen Loop-Backs gelöst wird.

Folgende günstige Eigenschaften des MIX-Verfahrens sprechen für den Einsatz in offenen Umgebungen:

- Die Teilnehmer beim MIX-Verfahren müssen die anderen Beteiligten nicht kennen, da die MIX-Station die sichere Gruppenbildung realisiert.

- Die asynchrone Übertragung ermöglicht eine spontane Kommunikation, ohne daß der Teilnehmer sich mit anderen Teilnehmern synchronisieren muß (vgl. DC-Netz).

- Die Anzahl der Teilnehmer, die eine MIX-Station bedient, ist größer als der Schub, da nicht alle Teilnehmer zu jedem Zeitpunkt eine Nachricht senden müssen.[1]

- Die MIX-Methode leistet eine Sender- und Empfängeranonymisierung. Also benötigt man keine weiteren Verfahren für eine vollkommen anonyme Kommunikation.

---

1. Diese Eigenschaft führt zu einer Sicherheitsschwäche, da die Forderung nach Unverkettbarkeit nicht *perfekt* erfüllt werden kann. Der Angreifer hat im Allgemeinen immer die Möglichkeit, den Kommunikationsverkehr zu analysieren (siehe Seite 39ff.). Dieser Angriff ist um so erfolgreicher, je kleiner die Anonymitätsmenge ist.

KAPITEL 5

Probabilistische Anonymität und offene Umgebungen

In diesem Kapitel wird die Sicherheit des MIX-Verfahrens in offenen Umgebungen gegenüber einem omnipräsenten Angreifer untersucht. Im letzten Kapitel wurde gezeigt, daß in einer offenen Umgebung gegenüber einem omnipräsenten Angreifer kein perfekter Schutz möglich ist. Daraus stellt sich die Frage, welcher Schutzgrad hier überhaupt erreicht werden kann.

Die neuen Anforderungen der offenen Umgebungen ergeben sich aus der großen Anzahl der potentiellen Teilnehmer, der fehlenden Möglichkeit, sie zu synchronisieren und zur Zeit auch zu identifizieren. Es wird hier gezeigt, daß die für offene Umgebungen vorgeschlagenen MIX-Varianten in solchen Umgebungen ungenügenden Schutz gegenüber dem omnipräsenten Angreifer bieten. Aus dieser Betrachtung heraus werden neue Anforderungen an die Anonymisierungsverfahren hergeleitet.

Um gemäß der obigen Anforderung ein Verfahren anzugeben, das auch ohne Identifizierungsprozeduren einen Schutz bietet, wird das Sicherheitsmodell des *probabilistischen Schutzes* aus Kapitel 3.3.2 verwendet. Es wird die Technik des *Stop-and-Go-MIX* (SG-MIX) angegeben, die die Anforderungen des probabilistischen Schutzes erfüllt und einen öffentlichen Parameter besitzt, der unabhängig von jedem Teilnehmer verwendet werden kann.

Dieses Kapitel besteht aus folgenden Teilen:

1. Im ersten Teil wird das Anwendungsfeld der offenen Umgebung betrachtet. Aus dieser Betrachtung heraus werden die Anforderungen an eine neue MIX-Technik gestellt.

2. Aus der Literatur bekannte MIX-Vorschläge, die eine Erweiterung der MIXe in Richtung offene Umgebung bilden, werden im zweiten Teil vorgestellt. Diese Verfahren bieten keinen Schutz gegenüber einem omnipräsenten Angreifer, wenn die Teilnehmer nicht sicher authentifiziert werden können. Es wird gezeigt, daß auch, wenn eine sichere Authentifizierung vorhanden wäre, die bisherigen Vorschläge keinen befriedigenden Schutz vor einem omnipräsenten Angreifer leisten können.

3. Im dritten Teil wird der Stop-and-Go-MIX vorgestellt und sein probabilistischer Schutz bewiesen. Insbesondere ermöglicht dieses Verfahren durch die unabhängige Nutzung eines öffentlichen Parameters eine spontane, anonyme Kommunikation, ohne daß eine vorherige Identifizierung notwendig ist.

4. Im vierten Teil werden Umsetzungsmöglichkeiten der SG-MIXe für das Internet diskutiert.

5.1 Offene Umgebungen und das MIX-Verfahren

Das MIX-Verfahren soll auch in einer offenen Umgebung gegenüber einem omnipräsenten Angreifer einen maximalen Schutz bieten, wenn die folgenden Bedingungen erfüllt sind:

- Von den n Sendern und Empfängern eines betrachteten Schubes arbeiten nicht n-1 gegen den Einzelnen, und

- mindestens eine MIX-Station von den verwendeten N Stationen ist nicht korrupt.

Um die obigen Anforderungen in einer offenen Umgebung zu erfüllen, reichen die bekannten MIX-Techniken nicht aus. Im folgenden werden die Gründe dafür vorgestellt.

5.1.1 Anforderung: Sammeln von n Paketen von n verschiedenen Teilnehmern

Die offene Umgebung zeichnet sich durch die große Anzahl potentieller Teilnehmer aus, die im allgemeinen einer MIX-Station im voraus nicht bekannt sind. Insbesondere können hier keine Schlüssel auf privater Basis ausgetauscht werden, um die Teilnehmer sicher identifizieren zu können. Für eine sichere Identifizierung der Teilnehmer ist man deshalb auf *Schlüsselverteilzentralen* (siehe Kapitel 2.4.1) angewiesen. In den heutigen Netzen (z.B. Internet) existieren jedoch solche Schlüsselverteilzentralen noch nicht. Alle bekannten MIX-Verfahren, die auf dem expliziten Sammeln von Paketen beruhen, sind deshalb in dieser Umgebung beweisbar unsicher.

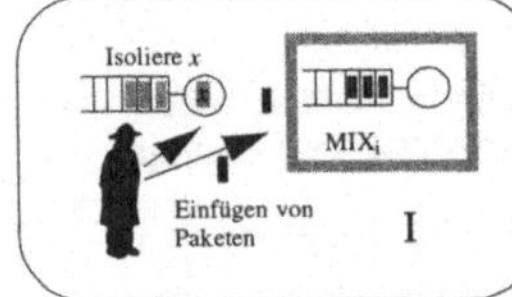

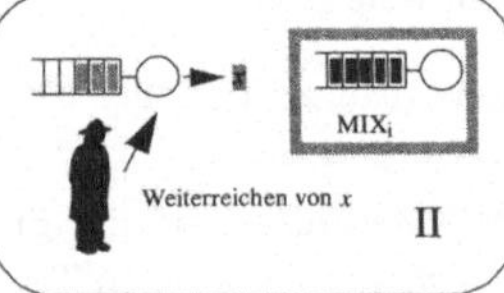

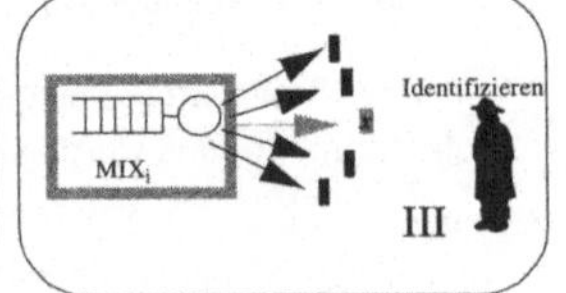

Abbildung 5-1: Erfolgreicher Angriff bei fehlendem Teilnehmerwissen.

Ein Angreifer kann in so einem Umfeld jedes Paket x von einem bestimmten Teilnehmer isolieren und durch Sendung von eigenen Paketen die ehrliche MIX-Station i (mit $0 < i \leq N$) bis auf ein Paket auffüllen, so daß bei der Weitersendung der Pakete der Angreifer das Paket des Teilnehmers identifizieren kann (siehe Abbildung 5-1). Dieser Angriff ist in der Literatur allgemein als $(n\text{-}1)$-Angriff oder etwas präziser als „Isolate & Identify" bekannt [GüTs96].

Folgende MIX-Eigenschaften begünstigen den obigen Angriff:

- Die MIX-Station ist abhängig von der Eingangsrate der Pakete. Je schneller der Angreifer eigene Pakete einspielen kann, desto kürzer ist seine Angriffszeit.

- Die Teilnehmer haben keine Kontrolle darüber, ob ihr Paket verzögert wird oder nicht. Ein Angreifer kann die Pakete beliebig verzögern.

Aus dieser Beobachtung können folgende Anforderung für eine neue MIX-Technik formuliert werden:

- Die MIX-Station soll einzelne Pakete unabhängig von den anderen Paketen verarbeiten.

- Verzögerungen durch einen Angreifer sollen so weit wie möglich bemerkt werden.

5.1.2 Schutz des Auswahlverhaltens einer Zwischenstation, Paketübertragungspfad und Paketsendezeit

In einer offenen Umgebung soll jeder überall auf die Anonymisierungsdienste von einer MIX-Stationen zugreifen können (siehe das Leitmotiv Kapitel 1 „anyone, anywhere, anytime, any service"). Es gibt zwei gegensätzliche Möglichkeiten, die MIX-Stationen auszuwählen:

- Für jedes Paket wählen die Teilnehmer N MIX-Stationen unabhängig und gemäß einer Gleichverteilung aus der Menge der gesamten MIX-Stationen.

- Die Teilnehmer wählen N MIX-Stationen unabhängig voneinander und verwenden sie bei jeder Nachrichtenversendung.

In dieser Arbeit wird die erste Möglichkeit[1] verwendet, da das Protokoll direkt den Netzverkehr gleichmäßig auf alle MIXe verteilt.

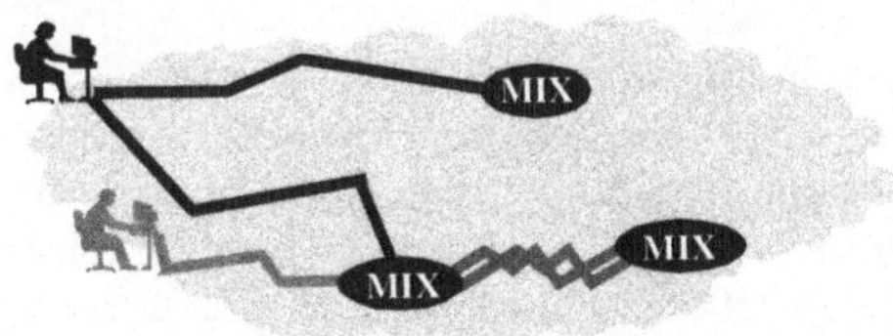

Abbildung 5-2: Verwendung der MIX-Stationen in einer offener Umgebung

---

1. Es gibt potentiell eine weitere Möglichkeit, daß immer *alle Teilnehmer die gleichen MIXe in der gleichen Reihenfolge* wählen. Diese Möglichkeit wird nicht betrachtet, da sie in einer offenen Umgebung, ohne große Netzgestaltung, zu großen Performance-Problemen führen würde.

Da hierbei die Pakete verschiedene MIX-Stationen durchlaufen, muß gewährleistet sein, daß die Pakete dadurch nicht in ihrem Aussehen (Bitmuster oder Länge) unterscheidbar werden (siehe Abbildung 5-2). Eine Technik wurde hierfür bereits von D. Chaum in [Chau81] unter dem Namen MIX-Netz vorgeschlagen (siehe Kapitel 5.2.1).

Da bei der Auswahl der MIX-Stationen keine generell vorgegebenen, deterministischen MIX-Pfade existieren, kann der Sender durch zufälliges Auswählen der MIX-Stationen aus der großen Gesamtmenge zur Verfügung stehender Stationen das Entstehen eines typischen Auswahlverhaltens verhindern. Wenn zusätzlich für jedes Paket diese zufällige Auswahl unabhängig gemacht wird, ist keine Basis für ein beobachtbares Auswahlmuster[1] gegeben.

Da im Gegensatz zur geschlossenen Umgebung die Teilnehmer in einer offenen Umgebung durch die Erzeugung von Scheinnachrichten nicht ihre Kommunikationszeitpunkte verbergen können (siehe nächsten Abschnitt), ist man hier auf die Erzeugung großer Anonymitätsmengen in den MIX-Stationen angewiesen[2].

5.1.3 Erzeugung von Scheinnachrichten

In offenen Umgebungen ist die Erzeugung von Scheinnachrichten durch den Sender problematisch. Eine blinde Erzeugung von Scheinnachrichten durch alle Teilnehmer in einer offenen Umgebung würde das Netz schlicht überlasten. Eine einfache Beispielrechnung verdeutlicht diesen Zusammenhang:

> Angenommen, 10 000 Benutzer erzeugen Scheinnachrichten und wählen zufällig die gleiche MIX-Station. Die feste Nachrichtengröße sei 4 KByte. Das Datenvolumen ist somit 40.000 KByte zwischen den Teilnehmern und der MIX-Station. Wendet man nun den anonymen Loop-Back an, so müssen alle Daten an alle Teilnehmer verteilt werden und somit erhöht sich das Datenvolumen auf 400.000 MByte.

Es wird deshalb in dieser Untersuchung angenommen, daß die Teilnehmer keine Scheinnachrichten erzeugen.

In der Literatur findet man oft den alternativen Vorschlag, daß die MIX-Stationen selbst Scheinnachrichten erzeugen sollen. Der geleistete Schutz dieses Ansatzes ist jedoch eingeschränkt. Durch die Erzeugung der Scheinnachrichten wird nicht der Sender, sondern nur der richtige Empfänger einer Nachricht geschützt. Im Extremfall, daß nur eine echte Nachricht im Stapel ist und der Rest von der MIX-Station selbst erzeugt wird, ist das Verfahren unsicher, wenn der richtige Empfänger korrupt ist (siehe Abbildung 5-3). Da dies mit der allgemeinen

---

1. Vergl. Erzeugung eines zufälligen Musters und perfekte Unverkettbarkeit auf Seite 41.
2. Es existiert noch kein Beweis für die obige Aussage. Die Aussage muß deshalb als eine Vermutung des Autors interpretiert werden.

MIX-Anforderung[1] unvereinbar ist, wird diese Technik für die allgemeine Sicherheitsbetrachtung nicht weiter berücksichtigt.

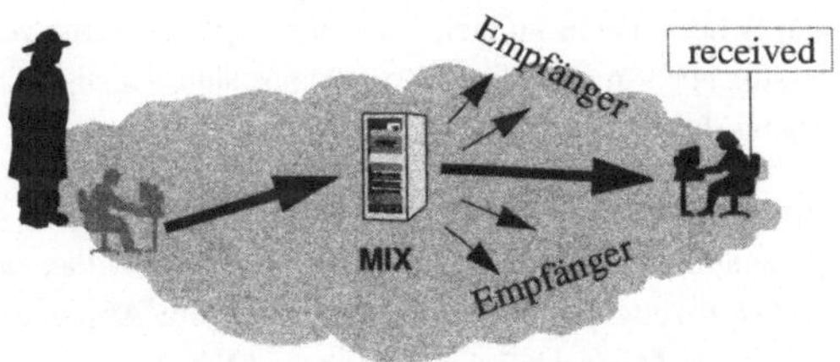

Abbildung 5-3: Schutzleistung der MIX-Station bei Senderanonymisierung durch Erzeugung von Scheinnachrichten

5.1.4 Resümee

Aus der obigen Beobachtung können folgende Anforderungen für eine neue MIX-Technik formuliert werden:

1. Die MIX-Station soll ohne Authentifizierung arbeiten.

2. Die MIX-Station soll einzelne Pakete unabhängig von anderen Paketen verarbeiten, d.h. Pakete nicht erst nach einer Sammlung bearbeiten.

3. Verzögerungen durch einen Angreifer sollen so weit wie möglich bemerkt werden.

4. Jedes Paket soll beim Eintreffen an einer bestimmten MIX-Station, unabhängig von den besuchten Vorläufer-MIXen, immer die gleiche Länge aufweisen, so daß Pakete mit unterschiedlichen Pfaden nicht über ihr Länge verfolgt werden können (Nutzung der MIX-Netz-Technik).

5. Für jedes Paket sollen N MIX-Stationen unabhängig und gemäß einer Gleichverteilung aus der Menge der gesamten MIX-Stationen ausgewählt werden.

6. Die Anonymitätsmengen in den MIX-Stationen sollen so groß gewählt werden, daß keine zeitlichen Zusammenhänge zwischen den vom Sender gesendeten Paketen und den vom Empfänger empfangenen Paketen beobachtet werden können.

7. Es sollen keine Scheinnachrichten von den Teilnehmern versendet werden.

8. Für die allgemeine Betrachtung wird angenommen, daß die MIX-Stationen ebenfalls keine Scheinnachrichten erzeugen.

———————————————

1. Allgemein soll die MIX-Station nur dann keinen Schutz bieten, wenn von den n Sendern und Empfängern $n - 1$ korrupt sind und nicht wenn nur ein einziger korrupt ist.

5.2 Bisherige Ansätze

Im obigen Abschnitt wurde gezeigt, daß alle sammelnden MIXe in den heutigen, offenen Umgebungen keinen Schutz bieten können, da keine Schlüsselverteilzentralen existieren. Da bis jetzt in der Literatur nur sammelnde MIXe bekannt sind, existiert kein Verfahren, das die obigen Anforderungen erfüllt.

In diesem Abschnitt werden dennoch die bekannten Erweiterungen zu den „klassischen" MIXen unter der Annahme vorgestellt, daß *Schlüsselverteilzentralen zur sicheren Authentifizierung der Teilnehmer bereits existieren*. Es soll in diesem Abschnitt gezeigt werden, daß trotz dieser Annahme große Mängel bei den bekannten MIX-Verfahren bestehen.

Im ersten Teil wird das **MIX-Netz** diskutiert, das den Teilnehmern einen flexibleren Zugriff auf das MIX-Verfahren erlaubt. Das Sammeln von *n* Paketen wird unter Performance- sowie Sicherheitsgesichtspunkten untersucht.

Im zweiten Teil werden MIX-Varianten vorgestellt, die zwar einige Probleme der „klassischen" MIXe lösen, jedoch andere Eigenschaften der MIXe nicht aufrechterhalten können, so daß sie insgesamt keinen Schutz vor einem omnipräsenten Angreifer bieten können.

5.2.1 MIX-Netz

Das MIX-Verfahren muß für den Einsatz in einer offenen Umgebung so modifiziert werden, daß die Gesamtbelastung stark gesenkt wird. Folgende Vorschläge wurden dazu von D. Chaum gemacht [Chau81]:

- **Reduzierung der Anzahl der benutzten Zwischenstationen**: Die Nachrichten werden nicht durch alle MIXe durchgeleitet, sondern der Sender wählt eine Anzahl von MIXen aus.

- **Reduzierung von Scheinnachrichten**: Die Anzahl der Scheinnachrichten kann vermindert werden, indem nicht jeder die gleiche Anzahl von Nachrichten sendet, sondern eine zufällige Anzahl.

- **Reduzierung der Verteilung**: Die Ausgabestapel werden nicht an alle Teilnehmer verteilt, sondern werden nach lokalen Netzen aufgeteilt.

Zur Umsetzung dieser Vorschläge hat Chaum ein Protokoll vorgeschlagen, bei dem die Teilnehmer zusätzlich zu den vorgestellten MIX-Techniken folgende Möglichkeiten haben:

- Ein Teilnehmer kann nach individuellen Kriterien explizit eine ihm ausreichend erscheinende Anzahl von vertrauenswürdigen Zwischenstationen auswählen. Diese MIX-Stationen können dabei im ganzen Netz verstreut sein. Insbesondere hat der Teilnehmer dadurch die Möglichkeit, nur die Zwischenstationen auszuwählen, die ihm vertrauenswürdig erscheinen.

- Ein Teilnehmer kann eine zufällige Reihenfolge der gewählten MIXe vorgeben.

Das MIX-Netzprotokoll soll hier anhand eines Beispiels vorgestellt werden. Für eine formale Beschreibung siehe [Chau81, Pfit90].

Protokoll – Reduzierung der Anzahl der benutzten MIXe

In der folgenden Abbildung 5-4 ist ein MIX-Netz angegeben. Die MIX-Stationen sind im ganzen Netz verteilt. Zur Nutzung dieser sei den Teilnehmern eine Liste mit entsprechenden MIX-Adressen bekannt. Ein Teilnehmer kann individuell die Anzahl der MIXe und ihre Reihenfolge bestimmen. Folgende Protokollerweiterungen sind dazu notwendig:

- Längentreue Umkodierung
- Reservierungsmechanismus für Loop-Back

Längentreue Umkodierung

Die Aufgabe der MIX-Station im MIX-Netz ist, neben der Standard-MIX-Funktionalität (siehe Kapitel 4.4), die bearbeiteten Pakete auf einer Orginalgröße zu halten. Dies garantiert, daß jedes Paket beim Eintreffen an einem bestimmten MIX, unabhängig von den besuchten Vorgänger-MIXen, immer die gleiche Länge aufweist, so daß ein Paket nicht über seine Länge[1] verfolgt werden kann.

Senderprotokoll

1. Sender A wählt drei beliebige MIXe, die hier durch M_1, M_2, M_3 gekennzeichnet sind, und generiert dazu drei symmetrische (geheime) Schlüssel k_1, k_2 und k_3.
2. Das Nachrichtenpaket I wird in Blöcke gleicher Länge aufgeteilt (evtl. Splitten oder Verwendung von Padding-Bits), so daß auf jeden der Blöcke die asymmetrische Kryptographie angewandt werden kann. Die Blöcke werden mit „|" abgegrenzt. Die zu versendende Nachricht teile sich z.B. genau in zwei Blöcke auf: *Nachricht* $= |I_0|,|I_1|$. Die Blöcke werden rekursiv mit den entsprechenden symmetrischen Schlüsseln k_1, k_2 und k_3 verschlüsselt: $|k_1(k_2(k_3(I_0)))|$, $|k_1(k_2(k_3(I_1)))|$.
3. Für jede besuchte MIX-Station wird ein Block generiert, der nur für diese MIX-Station bestimmt ist (siehe Abbildung 5-4). Diese Blöcke beinhalten als Nachrichtenblock die entsprechenden symmetrischen Schlüssel, die nächste MIX-Adresse und Padding-Bits PB: $|c_1(k_1, M_2, PB_1)|$ für MIX M_1, $|k_1(c_2(k_2, M_3, PB_2))|$ für MIX M_2, $|k_1(k_2(c_3(k_3, B, PB_3)))|$ für MIX M_3.
4. Eine Anzahl von Blöcken mit Zufallsbits wird erzeugt, um eine Standardblockanzahl b zu erreichen: $|110...1|, ..., |011...0|$.

———————————————

1. Siehe „Aussehen – Bitmuster und Länge" auf Seite 53.

Da die echten Blöcke unter Nutzung eines sicheren Kryptosystems verschlüsselt sind, ist deren Bitmuster gegenüber einem Angreifer genauso zufällig wie die Blöcke mit den Zufallsbits (Scheinblöcke). Da sie somit nicht unterscheidbar sind, kann der Angreifer weder Informationen über die Anzahl der benutzten MIXe noch über die Nachrichtenlänge gewinnen. Die Aufgabe der MIXe besteht jetzt darin, die Anzahl dieser Blöcke konstant zu halten. Alle Blöcke werden in einem Paket zur ersten MIX-Station gesendet.

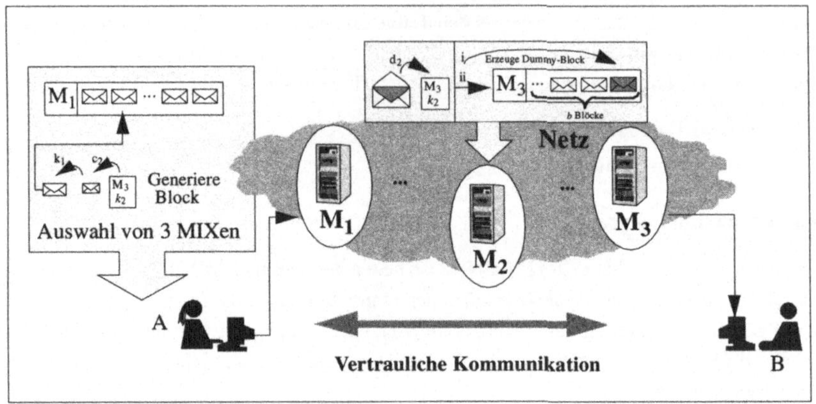

Abbildung 5-4: MIX-Netz

<u>MIX-Protokoll</u>

1. M_1 entschlüsselt mit d_1 den ersten Block und entnimmt den geheimen Schlüssel k_1 und die Folgeadresse M_2. Dann entschlüsselt M_1 alle Blöcke mit k_1 und generiert einen Dummy-Block und hängt ihn an das Ende der Blöcke. Alle anderen MIX-Techniken werden beibehalten (z.B. sortierte Ausgabe).

2. M_2 und M_3 entschlüsseln entsprechend mit d_2 bzw. d_3 und entnehmen die jeweiligen Schlüssel k_2 und k_3 und die Folgeadressen M_3 bzw. B. Sie entschlüsseln die Blöcke mit k_2 bzw. k_3 und fügen Dummy-Blöcke an das Ende der Pakete.

Da jede MIX-Station den ersten Block entfernt und einen Block am Ende anhängt, bleibt während der gesamten Übertragung die Blockanzahl b konstant. Insbesondere kann ein Paket nicht anhand der Paketlänge verfolgt werden. Den MIX-Stationen (außer der ersten und letzten) ist sogar ihre Position in der MIX-Folge unbekannt.

Reservierungsmechanismus für Loop-Back

Eine globale Liste zur Sicherstellung der Anonymitätsmenge für ein Loop-Back kann wegen der großen Anzahl der Einträge nicht bewältigt werden. Eine lokale Lösung muß hier angestrebt werden, z.B. unter Verwendung von lokalen Listen, die wie folgt mit dem Loop-Back kombiniert werden können (siehe für Loop-Back Seite 60):

> **MIX-Protokoll**: Jede MIX-Station verwaltet eine Reservierungsliste für den nächsten Schub. Sei die MIX-Station im Initialzustand, d.h. die MIX-Station ist leer und keine Reservierung liegt vor. In diesem Zustand können sich Teilnehmer authentifiziert anmelden.
>
> Die MIX-Station wartet, bis n Pakete gesammelt sind. Anschließend wird anhand der lokalen Reservierungsliste durch das anonyme Loop-Back[1] überprüft, ob ein $(n-1)$-Angriff vorliegt.

Durch den expliziten Reservierungsmechanismus in den lokalen Datenbanken kennt der Angreifer natürlich die verwendeten MIX-Stationen, bevor überhaupt etwas gesendet wurde. Dieser Nachteil muß hier hingenommen werden, da ohne Loop-Back Funktion das MIX-Verfahren überhaupt kein Schutz gegenüber dem omnipräsenten Angreifer bietet (Isolate & Identify-Angriff, siehe Abbildung 5-1).

Ein weiterer Nachteil ist, daß hier enorme Wartezeiten auftreten können, da viele unkoordinierte Abhängigkeiten im System existieren. Der Teilnehmer darf und soll ja die MIX-Stationen unabhängig von anderen auswählen. Somit unterscheiden sich die gesammelten Pakete in einem Schub im allgemeinen durch unterschiedliche Wege und die Anzahl der von ihnen besuchten MIX-Stationen. Die Gesamtwartezeit bis zur Sammlung aller angemeldeten Pakete wird jedoch durch das Paket bestimmt, das zuletzt die MIX-Station erreicht.

Sammeln von n Nachrichten

Um die zeitlichen Zusammenhänge zwischen den von den Sendern gesendeten Nachrichten und den von den Empfängern empfangenen Nachrichten zu schützen, muß nach der obigen Betrachtung[2] die Stapelgröße (Anzahl der Pakete n in der MIX-Station) so groß wie möglich gewählt werden. Im nächsten Abschnitt wird n unter dem Aspekt der Performance untersucht.

Durchschnittliche Verzögerung der Nachrichten bei Stapelgröße n

Ein MIX-Knoten kann aus zwei in Reihe geschalteten Servern modelliert werden (siehe Abbildung 5-5). Der erste Server ist für die Entschlüsselung, Abwehr von $(n-1)$-Angriffen etc. zuständig und soll hier idealisiert durch eine einzige M/D/1-Warteschlange modelliert werden. Die zweite Warteschlange sendet die Pakete weiter, wenn der Stapel voll ist, d.h. n Pakete gesammelt wurden. Der Zeitaufwand für die Verarbeitung (z.B. Sortieren) im zweiten Server wird somit vernachlässigt und als Null angenommen ($1/\mu_W \approx 0$). Die Wartezeit wird hier also

---

1. Siehe „Bildung der sicheren Anonymitätsmengen bei der Kaskade" auf Seite 59.
2. Da keine Scheinnachrichten erzeugt werden.

ausschließlich von der Zeit bestimmt, die bis zum Eintreffen derjenigen Nachricht beim zweiten Server vergeht, die den Stapel endgültig füllt.

Die Gesamtverzögerungszeit t_X setzt sich somit aus der konstanten Verarbeitungszeit t_D und einer variablen Wartezeit zusammen, die durch die Wartezeit in der ersten Warteschlange t_Q und die Verarbeitungszeit t_W im zweiten Server bestimmt ist. Diese variable Zeit sei durch die Zufallsvariable X dargestellt.

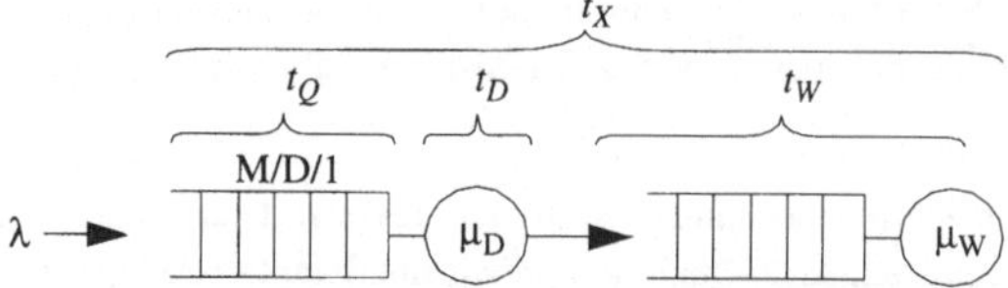

Abbildung 5-5: Modell eines MIX-Knotens als 2-Server-System

Es wird wie üblich vorausgesetzt, daß die Systeme sich in einem stabilen Gleichgewichtszustand befinden, d.h. $\rho=\lambda/\mu_D < 1$ (Stabilitätskriterium).

Die mittlere Verzögerungszeit einer M/D/1 Warteschlange ist gegeben durch (siehe [Klei75]):

$$\frac{1}{\mu_D}\left(1 + \frac{\rho}{2(1-\rho)}\right)$$

Wenn λ die Ankunftsrate beim ersten Server ist, ist der Erwartungswert für die Zwischenankunftszeit beim zweiten Server gleich $1/\lambda$, da die erste Warteschlange sich in einem stabilen Gleichgewichtszustand befindet. Sei W die Zufallsvariable, die die Wartezeit für die betrachtete Nachricht angibt und Y die Zufallsvariable, die die Anzahl an Nachrichten angibt, die sich schon im zweiten Server befinden. Im Erwartungswert füllt sich der Stapel in n/λ Zeiteinheiten. Da für jede zusätzliche Nachricht im Erwarungswert $1/\lambda$ Zeiteinheiten benötigt werden mit der konstanten Rate λ, ist Y offensichtlich gleichverteilt auf $\{0, ..., n-1\}$. Die Wartezeit W für eine Nachricht bei einer bekannten Anzahl von Nachrichten im Stapel, $Y=i$ mit $i \in \{0, ..., n-1\}$, ist gegeben durch:

$$E(W|Y = i) = \frac{n-1-i}{\lambda}.$$

Mit dem Satz der totalen Wahrscheinlichkeit, angewandt auf Erwartungswerte, ergibt sich

$$E(W) = \sum_{i=0}^{n-1}\frac{n-1-i}{\lambda} \cdot \frac{1}{n} = \frac{1}{\lambda n}\sum_{i=0}^{n-1} n-1-i = \frac{1}{\lambda n}\sum_{i=0}^{n-1} i = \frac{n-1}{2\lambda}$$

$$E(W) = \frac{1}{\mu_D} \cdot \frac{n-1}{2\rho} \tag{5.1}$$

Die gesamte Verzögerungszeit im Zwischenknoten berechnet sich zu:

$$E(X) = \frac{1}{\mu_D}\left(1 + \frac{\rho}{2(1-\rho)} + \frac{n-1}{2\rho}\right)$$

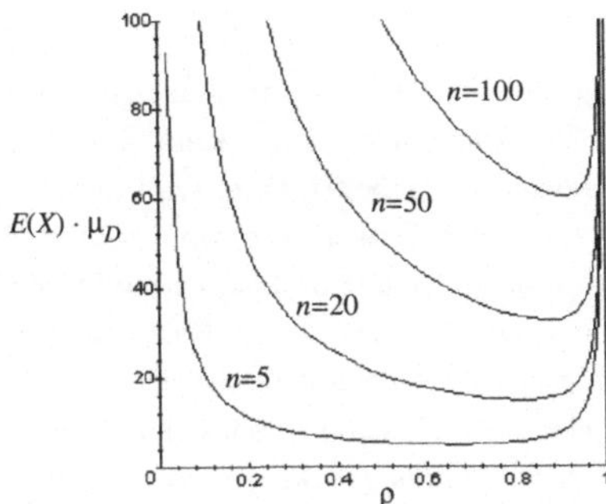

Abbildung 5-6: Erwartungswert für die Verzögerung in einer MIX-Station

Die Abbildung 5-6 zeigt die mittlere Verzögerungszeit in der für MIXe typischen Hyperbel-Form. Liegt eine geringe Last vor ($\rho\to0$), so müssen die Pakete im zweiten Server sehr lange „warten", bis n Pakete gesammelt sind. Steigt die Last $\rho\to1$, so sinkt zwar die Wartezeit im zweiten Server, dafür steigt jedoch im ersten Server die mittlere Wartezeit wegen der Überlastung der M/D/1-Warteschlange. Zwischen diesen beiden „Hyperbel-Armen" liegt der praktikable Betriebsmodus einer MIX-Station.

Erhöht man die Stapelgröße n, so benötigt der zweite Server mehr Zeit, um die gestiegene Anzahl an Paketen zu sammeln. Auch für größere Lasten (ρ = 0.4, 0.5, 0.6) werden hier die Pakete im Erwartungswert lange verzögert. Für $n \to \infty$ konvergiert der linke „Hyperbel-Arm" gegen die Unstabilitätsgrenze $\rho=1$ und somit gegen den rechten „Hyperbel-Arm".

Für $n\geq100$ wird die Wahrscheinlichkeit sehr gering, daß die MIX-Station in einer vernünftigen Zeit die Pakete weitersenden kann (siehe Abbildung 5-6). Der praktische Betriebsmodus ist hier nur für eine schmale Bandbreite ρ = (0.6, ..., 0.9) möglich. Aus diesem Grund ist in offenen Umgebungen ab einer Stapelgröße 50 mit sehr langen Verzögerungszeiten zu rechnen. Eine Stapelgröße bis 20 ist aus Performancegesichtspunkten akzeptabel und deswegen für die praktische Anwendung eher sinnvoll.

Stapelgröße und gewährleisteter Schutz

Eine Stapelgröße um 20 ist aus der Sicherheitsperspektive unzureichend. Ein Angreifer kann z.B. durch die Bayessche Entscheidungsregel (Seite 40) Verhaltensmuster der Teilnehmer erlernen und die Aktion eines Teilnehmers leicht aus einer Anonymitätsmenge der Größe 20 erkennen. In der Literatur gibt es deshalb Vorschläge, wie die Anonymitätsmenge erhöht werden kann, ohne daß die Anzahl der zu sammelnden Pakete erhöht werden muß. Diese Vorschläge sollen im nächsten Teil vorgestellt werden.

5.2.2 MIXmaster

Zur Erhöhung der Sicherheit gegenüber MIXen mit fester Stapelgröße existiert das MIXmaster Verfahren von Cottrel [Cott95]. Die Anonymitätsmenge kann hier vergrößert werden, indem die Station die Pakete indeterministisch verarbeitet. Dazu wird immer eine Mindestzahl von Nachrichten (n Nachrichten von mehreren Teilnehmern) im Speicher (Pool) gehalten. Wenn eine weitere Nachricht eintrifft, werden nicht alle im Pool befindlichen Nachrichten ausgegeben, sondern zwischen dieser und den im Pool enthaltenen Nachrichten eine Nachricht zufällig ausgewählt und ausgegeben. Ein Angreifer kann deshalb nie sicher sein, ob das von ihm beobachtete Eingangspaket je ausgegeben wird. Deshalb erhöht sich die Anonymitätsmenge jeweils um eins, obwohl die Anzahl der in der Station gehaltenen Pakete konstant bleibt. Die Anonymitätsmenge besteht deshalb aus

- der Poolgröße n, und
- allen Paketen $N(t)$, die bis zum augenblicklichen Zeitpunkt t beim MIXmaster eingetroffen sind.

Es ist klar, daß viele von diesen „alten" Paketen mit großer Wahrscheinlichkeit schon weitergesendet wurden. Da aber nur das exakte Wissen dem Angreifer nutzt[1], müssen alle zum MIXmaster gesendeten Pakete nach der Definition der Anonymitätsmenge zu der Anonymitätsmenge gezählt werden (siehe Definition 4.1 Seite 36). Dadurch steigt die Größe der Anonymitätsmenge stetig mit der Zeit. Im Gegensatz dazu verschlechtert sich der Erwartungswert der Verzögerung nur um einen konstanten Faktor (siehe nächsten Abschnitt).

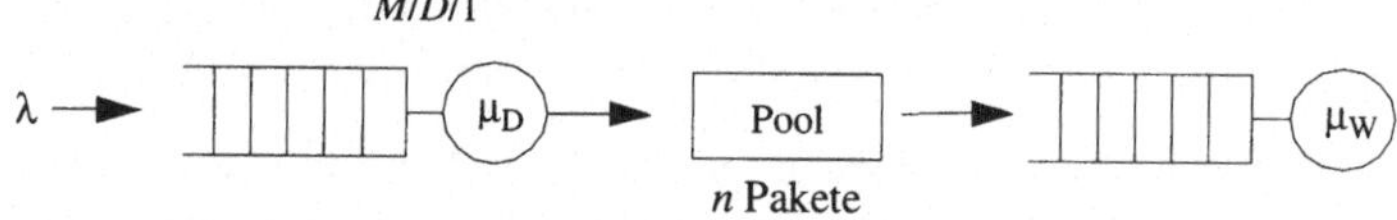

Abbildung 5-7: Modell eines MIXmaster-Knotens

---

1. Hier wird das deterministische Bewertungsmodell benutzt, da der MIXmaster direkt mit den klassischen MIXen verglichen wird (vergl. auch Definition 4.1). Nach der deterministischen Modellwelt hilft einem Angreifer nur das exakte Wissen. Man kann hier auch einen probabilistischen Ansatz wählen, der auch mit unexaktem Wissen auskommt. Dafür müßten die entsprechenden Definitionen für Anonymitätsmenge, Unbeobachtbarkeit, Anonymität und Unverkettbarkeit erweitert werden. In solch einem Fall würde die Anonymitätmenge kleiner ausfallen, da es z.B. genügt, daß ein Paket mit 99,9% Wahrscheinlichkeit schon weiter gesendet sein muß.

Performance des MIXmasters

Es wird wieder das 2-Server-Modell verwendet (siehe Abbildung 5-7), mit dem Unterschied, daß nach Ankunft eines neuen Pakets der zweite Server nun aus den $n+1$ Nachrichten im Pool zufällig, gemäß einer Gleichverteilung, ein Paket auswählt und ausgibt. Der Zeitaufwand dafür soll hier vernachlässigt werden ($1/\mu_W \approx 0$).

Zur Berechnung der mittleren Verzögerungszeit im Pool beschreibe die Zufallsvariable Y die Anzahl der Nachrichten, die nach der betrachteten Nachricht beim zweiten Server eintreffen müssen, damit diese ausgegeben[1] wird. Das Pool-Modell gleicht somit einem Experiment mit unabhängigen Wiederholungen des Einzelexperiments mit nur zwei[2] verschiedenen möglichen Ausgängen. Y ist somit geometrisch verteilt und die Zähldichte ist:

$$f_Y(i) = \frac{1}{n+1} \cdot \left(\frac{n}{n+1}\right)^i \text{ für } i \in \text{Nat.}$$

Der bedingte Erwartungswert der Wartezeit W bei bekanntem $Y = i$ ist die Summe der i Erwartungswerte[3] der Zwischenankunftszeiten. Und somit gilt:

$$E(W|Y = i) = \frac{i}{\lambda}.$$

Mit dem Satz von der totalen Wahrscheinlichkeit ergibt sich:

$$E(W) = \sum_{i=1}^{\infty} E(W|Y = i) \cdot f_Y(i) = \frac{1}{\lambda} \sum_{n=1}^{\infty} i \cdot f_Y(i) = \frac{1}{\lambda} E(Y) = \frac{n}{\lambda} = \frac{1}{\mu_D \rho} n$$

Der Erwartungswert der gesamten Verzögerung ergibt sich aus der Summe der Erwartungswerte der beiden Server:

$$E(X) = \frac{1}{\mu_D} \left(1 + \frac{\rho}{2(1-\rho)} + \frac{n}{\rho}\right).$$

Der Erwartunswert für die gesamte Verzögerung hat den gleichen Verlauf wie bei der einfachen MIX-Station, mit dem Unterschied, daß die mittlere Verzögerungszeit im zweiten Server doppelt so groß ist.

---

1. Zur Erinnerung: die Ausgabe erfolgt durch eine zufällige Wahl von einer Nachricht im Pool.

2. Entweder wird die betrachtete Nachricht ausgegeben oder eine andere.

3. Es wird hier wieder angenommen, daß die erste Warteschlange sich in einem stabilen Gleichgewichtszustand befindet und jede Neuankunft im Erwartungswert $1/\lambda$ Zeiteinheiten benötigt.

Loop-Back

Bei Verwendung von N MIXmaster-Stationen kann die erste Station die Teilnehmer sicher identifizieren (z.B. durch Überprüfung von Signaturen). Die Folge-MIXmaster sind jedoch nicht imstande, mit den bekannten Techniken eine ähnliche Überprüfung durchzuführen, ohne daß die Anonymitätsmenge dadurch verkleinert wird. Bei einem direkten anonymen Loop-Back würde der Angreifer genau die Teilnehmer identifizieren, deren Pakete sich noch im Pool befinden. Um den Vorteil der indeterministisch gebildeten Anonymitätsmenge nicht zu verlieren, müßte die MIXmaster-Station bei der anonymen Loop-Back-Funktion alle Teilnehmer einbeziehen, die bis dahin eine Nachricht an sie gesendet haben. Dies würde jedoch das Netz überlasten. Verzichtet man auf die sichere Sammlung, so ist der Isolate & Identify-Angriff möglich und das Verfahren muß als unsicher bewertet werden.

Ein weiterer großer Nachteil des MIXmasters ist, daß nicht nur der Angreifer nicht weiß, wann ein Paket den Empfänger erreicht, sondern auch der Sender.

5.2.3 BABEL-MIX

Gülcü und Tsudik schlagen eine indeterministische Verarbeitung der Pakete vor, die funktional eine Mischung aus klassischem MIX und MIXmaster ist [GüTs96]. Ähnlich wie bei den klassischen MIXen werden die Pakete in Schüben bearbeitet.

Die Erweiterung besteht darin, daß die BABEL-MIXe unabhängig von der Anzahl der eingegangenen Nachrichten in festen Zeiteinintervallen n^1 Nachrichten ausgeben. Wenn wenig Last im Netz vorliegt, so müssen im gleichen Intervall viele Scheinnachrichten von der BABEL-MIX-Station generiert werden, um die Anforderung der Sendung von n Nachrichten zu erfüllen. Weiterhin wird eine eingegangene Nachricht mit einer gewissen Wahrscheinlichkeit nicht beim nächsten Ausgabezeitpunkt weitergeleitet, sondern für eine weitere Periode festgehalten.

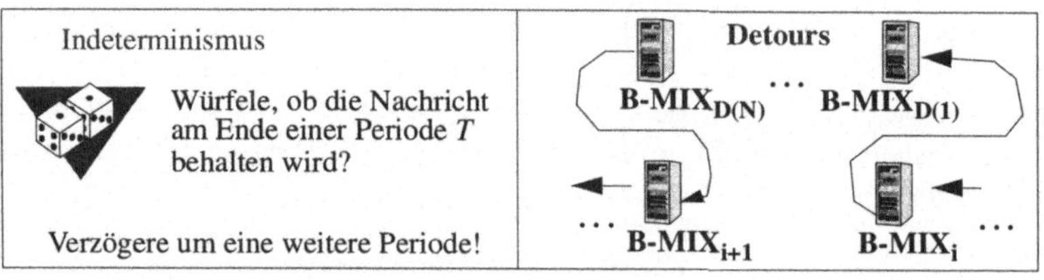

Abbildung 5-8: BABEL-MIX

Um Isolate & Identify-Angriffe zu erschweren, führen die Autoren zufällige „Umwege" (engl. detours) ein. Eingegangene Nachrichten werden von der Station nicht direkt zur nächsten, vom

---

1. Schubgröße

Sender spezifizierten Station gesendet, sondern über eine Reihe von BABEL-MIX-Stationen weitergeleitet. Ein Paket wird dabei als umgeleitet markiert, um weitere Umleitungen zu verhindern (Endlosschleifen).

Wie von den Autoren selbst vermerkt [GüTs96], bieten diese Techniken keinen Schutz vor einem omnipräsenten Angreifer, wenn nicht eine sichere Identifizierung möglich ist. Da diese Möglichkeit von den Autoren ebenfalls ausgeschlossen wird, ist das Verfahren als unsicher zu bewerten.

5.2.4   Cypherpunk-Remailer

Eine weitere Möglichkeit, die eindeutige Zuordnung von ein- und ausgehenden Paketen zu verhindern, ist, diese zufällig zu verzögern. Von der Station gewählte zufällige Verzögerungen werden von den sogenannten Cypherpunk-Remailern angeboten [Scha96, StMa96]. Die Benutzung von zufälligen Verzögerungen durch anonymitätsgewährende Server wurde in der Literatur vernachlässigt und sogar abgewertet (siehe [GüTs96]). In dieser Arbeit wird jedoch gezeigt, daß mit Hilfe dieser Methode ein hinreichender Schutz gewährleistet werden kann, wenn nicht die Station die Verzögerungszeit bestimmt, sondern der Endteilnehmer diese gemäß einer Exponentialverteilung auswählt (siehe Kapitel 5.3).

5.2.5   Kritische Betrachtung der sammelnden MIXe mit Teilnehmerwissen

Die indeterministischen Verarbeitungstechniken haben den Vorteil, daß sie große Anonymitätsmengen bilden und somit die Unverkettbarkeit von Eingabe- und Ausgabenachrichten ermöglicht wird. Jedoch gibt es dabei einige gravierende Nachteile:

- Bei Kommunikationsdiensten muß oftmals eine maximale Verzögerungszeit garantiert werden, die nicht überschritten werden darf (siehe auch [Pfit97], Seite 185).
- Eine MIX-Station kann nicht auf korrekte Arbeitsweise hin überprüft werden, womit neue Angriffsmöglichkeiten entstehen (siehe auch [Pfit97], Seite 184).
- Die indeterministische Verarbeitung der Pakete verhindert die sichere Sammlung von Paketen verschiedener Teilnehmer, da kein Loop-Back möglich ist. Somit sind diese Ansätze offen für den Isolate & Identify-Angriff und bieten gegenüber einem omnipräsenten Angreifer keinen Schutz.

In diesem Abschnitt wurden die Verfahren unter der Annahme untersucht, daß eine sichere Authentifizierung möglich ist. Es zeigt sich, wie in der obigen Tabelle zusammengefaßt, daß trotz dieser Annahme keine befriedigende Lösung in der Literatur vorhanden ist. Tabelle 5-9 faßt die Ergebnisse zusammen.

	Angreifermodell	*Anonymitätsgröße AG*	Statistik über *AG*	Gesamtsicherheit
MIX (Chaum)	*Def. 3.1*	n (*Stapelgröße*)	Leicht	Unsicher
MIXmaster	*Def. 3.1*	$n + N(t)$ (*Poolgröße + indetermin.*)	Schwer wegen $N(t)$	Unsicher
BABEL-MIX	*Def. 3.1*	$n + N(t)$ (*Stapelgröße + indetermin.*)	Schwer wegen $N(t)$	Unsicher

Tabelle 5-9: In der Literatur vorgeschlagene MIXe zur Anwendung in offener Umgebung

5.3   Das Stop-And-Go-MIX-Verfahren

Stop-And-Go MIXe müssen wie alle anderen Unverfolgbarkeit (untraceability) gewährenden Zwischenstationen, zwei Bedingungen erfüllen ([Chau81, Pfit90] und vgl. Kapitel 4.4):

- Schutz von Aussehen und Inhalt: *Bitmuster, Adreßinformation* und *Länge,*
- Schutz von zeitlichen wie räumlichen Zusammenhängen: *Reihenfolge.*

Die erste Grundanforderung wird hier als gelöst betrachtet. Alle aus der Literatur bekannten MIX-Techniken, die das Aussehen und den Inhalt der gesendeten Nachricht vor Beobachtungen schützen, werden vom SG-MIX-Verfahren übernommen (z.B. indeterministische Verschlüsselung). Zum Schutz von Aussehen und Inhalt wird insbesondere die Technik der längentreuen Umkodierung für die SG-MIXe verwendet (siehe Kapitel 5.2.1).

Die zweite Grundanforderung wird hier als *nicht* gelöst betrachtet. Zur Lösung dieser Aufgabe muß in jeder MIX-Station eine „sichere" Anonymitätsmenge gebildet werden, d.h. es müssen n Pakete von n verschiedenen Teilnehmern in einer Zwischenstation vorhanden sein (siehe [Pfit90]).

Die in der Literatur untersuchten bekannten Verfahren sichern diesen Punkt, indem sie der MIX-Station eine *zentrale* Rolle zuordnen. Die MIX-Station sammelt explizit n^1 Pakete von n Teilnehmern (explizite Sammlung). Für diesen Zweck benötigt die MIX-Station eine sichere Authentifizierung der Teilnehmer und die Technik der anonymen Rückkopplung[2]. Da in den heutigen Netzen *beides* nicht ohne weiteres eingesetzt werden kann, wie in Kapitel 5.1 und Kapitel 5.2 erläutert, können die bekannten Verfahren nicht angewandt werden.

Ein anderer Ansatz zur Bildung der Anonymitätsmenge kann dadurch erreicht werden, daß die Teilnehmer gemäß einem Protokoll ihre Pakete so im Netz verteilen (dezentral), daß mit einer

---

1. Oder von genügend vielen Teilnehmern genügend viele Pakete
2. Siehe „Bildung der sicheren Anonymitätsmengen bei der Kaskade" auf Seite 59.

hohen Wahrscheinlichkeit eine Ansammlung von Paketen in den Zwischenstationen entsteht (implizite Sammlung).

Ein Angreifer kann dieses Vorgehen angreifen, indem er Paketversendungen blockiert bzw. verzögert, so daß Ansammlungen von Paketen in den Zwischenstationen nicht zustande kommen. Es muß deshalb dem Einzelteilnehmer möglich sein, solche Verzögerungsangriffe zu erkennen und im besten Fall abzuwehren. Zur Verwirklichung dieser Idee müssen folgende Aufgaben gelöst werden:

- Die zeitliche Übertragung untersteht der völligen Kontrolle des Paketgenerierers, so daß jede unkorrekte Verzögerung durch einen Angreifer bemerkt und entsprechende Gegenmaßnahmen eingeleitet werden können.
- Jeder Teilnehmer verteilt seinen Verkehr in der Weise im Netz (SG-MIX-Stationen), daß sich mit hoher Wahrscheinlichkeit in jeder Zwischenstation mehrere Pakete von verschiedenen Teilnehmern befinden.

Eine Lösung dieser Aufgabe wurde als SG-MIX-Verfahren in [KEB98] veröffentlicht. Die obigen Punkte wurden einzeln in [Sied97] und [Egne97] untersucht. In den folgenden Abschnitten werden diese Arbeiten herangezogen und entsprechend erweitert.

5.3.1 Der Stop-and-Go-MIX–Ansatz

Beim SG-MIX-Verfahren werden die Pakete bei der gesamten Übertragung unabhängig voneinander verarbeitet, so daß keine unkontrollierbaren Abhängigkeiten zwischen den Paketen auftreten können. Das SG-MIX-Verfahren verfolgt dazu den folgenden Ansatz:

Jeder Teilnehmer wählt für jedes Paket unabhängig und zufällig N SG-MIX-Stationen und generiert ebenfalls unabhängig und zufällig N Verzögerungszeiten T_1, ..., T_N. Die gewählten Verzögerungszeiten genügen einer Exponentialverteilung mit einem öffentlich bekannten Parameter μ (Public Parameter).

Jeder Teilnehmer berechnet für jede SG-MIX-Station, über die das Paket zum Ziel gesendet werden soll, ein Zeitfenster (T^{min}, T^{max}), das den frühesten und den spätesten Zeitpunkt der Ankunft an dieser Station angibt.

Beide Informationen werden der jeweiligen SG-MIX-Station zusammen mit dem gesendeten Paket vertraulich übermittelt.

Die SG-MIX-Station verzögert das Paket exakt nach der Vorgabe (idealer Verzögerer), falls das Paket im entsprechenden Zeitfenster (T^{min}, T^{max}) ankommt.

Das SG-MIX–Protokoll

Aus der obigen Beschreibung kann das SG-MIX-Protokoll sukzessive entwickelt werden. Es wird hier zum besseren Verständnis auf eine formale Beschreibung verzichtet und das Protokoll an einem Beispiel beschrieben.

Senderprotokoll

1. Der Sender wählt eine Anzahl von SG-MIX-Stationen (zum Beispiel zwei Stationen) unabhängig und gemäß einer gleichverteilten Zufallsfunktion aus (z.B. M_1, M_2) und generiert dazu zwei symmetrische (geheime) Schlüssel (k_1 und k_2).

2. Er würfelt für jede SG-MIX-Station unabhängig und gemäß einer Exponentialverteilung mit einem *öffentlich bekannten Parameter* μ eine Verzögerungszeit (T_1, T_2) aus.

3. Er berechnet für jede SG-MIX-Station i ein Zeitfenster nach der Formel 5.2 und 5.3 auf Seite 86: (T_i^{min}, T_i^{max}).

4. Das zu versendende Nachrichtenpaket I wird in Blöcke gleicher Länge aufgeteilt (evtl. Splitten oder Verwendung von Padding-Bits), so daß auf jeden der Blöcke ein asymmetrisches Kryptoverfahren angewandt werden kann. Die Nachricht sei einen Block lang, d.h. *Nachricht* = $|I_0|$. Der Block wird rekursiv mit den entsprechenden symmetrischen Schlüsseln k_1 und k_2 verschlüsselt: $|k_1(k_2(I_0))|$.

5. Für jede besuchte MIX-Station wird ein Block generiert, der nur für diese MIX-Station bestimmt ist (siehe Abbildung 5-10). Diese Blöcke beinhalten als Datenblock D die entsprechenden symmetrischen Schlüssel, die Zeitinformationen (Verzögerungszeit und Zeitfenster) und die nächste MIX-Adresse: $|c_1(k_1, T_1, (T_1^{min}, T_1^{max}), M_2)|$ für MIX M_1, $|k_1(c_2(k_2, T_2, (T_2^{min}, T_2^{max}), B))|$ für MIX M_2.

6. Eine Anzahl von Blöcken mit Zufallsbits wird erzeugt, um eine Standardblockanzahl b zu erreichen: $|101...0|$, ..., $|001...1|$.

7. Insgesamt besteht das gesendete Paket aus folgenden Bestandteilen:

$$|c_1(k_1, T_1, (T_1^{min}, T_1^{max}), M_2)|\,|k_1(c_2(k_2, T_2, (T_2^{min}, T_2^{max}), B))|\,|k_1(k_2(I_0))|\,|101...0|,$$
$$..., |001...1|.$$

SG-MIX-Protokoll für MIX M_i

1. M_i ignoriert Wiederholungen (siehe Kapitel 4.4.3).

2. M_i entschlüsselt mit d_i den ersten Block und entnimmt den geheimen Schlüssel k_i, die Zeitinformationen T_i, (T_i^{min}, T_i^{max}) und die Folgeadresse M_{i+1} (bzw. B).

3. M_i überprüft anhand seiner lokalen Zeit auf Einhaltung des Zeitfensters:
$$T_i^{min} < t_{lokal} < T_i^{max}$$

4. M_i entschlüsselt alle Blöcke mit k_j, generiert einen Dummy-Block und hängt ihn an das Ende der Blöcke.

5. M_i verzögert das Paket nach der Vorgabe T_i Zeiteinheiten und leitet das Paket an die Folge-adresse M_{i+1} (bzw. B) weiter.

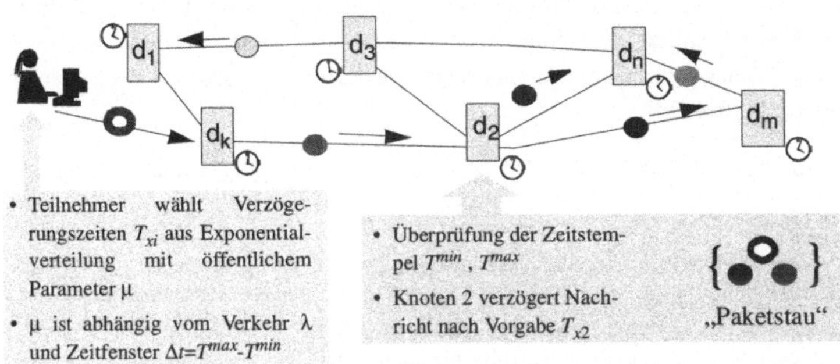

Abbildung 5-10: Stop-and-Go MIX

Der ideale Verzögerer – Die SG-MIX-Station

Die Pakete werden von der SG-MIX-Station individuell und unabhängig voneinander verzö-gert. Die Verzögerungszeit erhält die SG-MIX-Station M_i, indem sie das empfangene Paket mit dem geheimen Schlüssel d_i entschlüsselt und im Datenfeld D_i (siehe Formel 4.3, Seite 58) die vertrauliche Zeitvorgabe T_i und das Zeitfenster (T_i^{min}, T_i^{max}) vorfindet. Die SG-MIX-Sta-tion verzögert das Paket T_i Zeiteinheiten, wenn das Paket nach der lokalen Uhr im vom Paket-generierer vorgesehenen Zeitfenster angekommen ist, d.h. $T_i^{min} < t_{lokal} < T_i^{max}$. Es wird hier angenommen, daß die lokale Uhrzeit nicht unbedingt exakt richtig ist, sondern durch einen Synchronisationsmechanismus justiert werden muß (siehe Kapitel 5.4.3).

Für die theoretische Betrachtung wird hier zunächst angenommen, daß eine SG-MIX-Station unendlich viele Server[1] besitzt und deshalb die obige Aufgabe ohne weiteres erfüllen kann. Es wird ferner angenommen, daß die Verarbeitungszeit (z.B. durch Entschlüsselung) vernachläs-sigbar klein gegenüber der Verzögerungszeit ist. Durch diese Annahmen wird insbesondere die Bedienzeit eines Pakets x hauptsächlich durch die Verzögerungszeit bestimmt.

---

1. Im nächsten Abschnitt (Kapitel 5.4) wird eine SG-MIX-Station mit endlichen Ressourcen beschrieben.

Das theoretische Modell der SG-MIX-Station – Das $M/M/\infty$-Modell

Die SG-MIX-Station wird hier als ein idealer Verzögerer ($M/M/\infty$-Warteschlange) modelliert. Die Notation $M/M/\infty$ ist unter dem Namen Kendall'sche Notation bekannt (*<Ankunftprozeß>/ <Bedienprozeß>/<Anzahl der Server>*). Als Zwischenankunfts- bzw. Bedienzeit wird hier die Abkürzung M^1 benutzt, die besagt, daß die Verteilung dieser Zeiten der Exponentialverteilung genügt (siehe [Klei75]).

Die Exponentialverteilung besitzt die für die Modellierung und für die Sicherheit sehr wichtige Eigenschaft der „Gedächtnislosigkeit" (Memoryless-Eigenschaft). Diese Eigenschaft bewirkt z.B. bei einem Ankunftsprozeß mit exponentialverteilten Zwischenankunftszeiten, daß die Zeit bis zur nächsten Paketankunft nicht davon abhängt, wieviel Zeit seit der letzten Paketankunft bereits vergangen ist [Ross72].

Im folgenden soll die Wahl der $M/M/\infty$-Warteschlange im Einzelnen begründet werden.

Ankunftsprozeß M

Für viele reale Anwendungen ist inzwischen nachgewiesen, daß die Poisson-Modellierung[2] eines ankommenden Paketstroms nicht angemessen ist [PaFl95]. Der Grund dafür liegt im logischen Zusammenhang von kurz aufeinanderfolgenden Paketen. Da aber hier die SG-MIX-Station aus einer großen Gesamtmenge zur Verfügung stehender Stationen unabhängig und zufällig ausgewählt wird, kann der Eingabestrom jeder SG-MIX-Station durch einen Poisson-Prozeß mit der mittleren Ankunftsrate λ modelliert werden. Dieses Vorgehen stellt nicht nur eine Approximation des Poisson-Modells dar, sondern erfüllt insbesondere die theoretischen Vorbedingungen (siehe [PaFl95]). In der Realität bestätigen die Messungen für Dienste mit ähnlichem Teilnehmerverhalten das Poisson-Modell (z.B. für TELNET-Verbindungspakete [PaFl95]).

Bedienzeit M

Die Latenzzeiten werden von den Teilnehmern gemäß einer Exponentialverteilung mit allgemein bekanntem Parameter μ gewählt. Die Bedienzeit wird hauptsächlich von dieser Latenzzeit bestimmt, da die anderen Operationen (z.B. Entschlüsselungszeit) gegenüber der Latenzzeit vernachlässigbar klein sind (siehe Kapitel 5.4.1).

Unendlich viele Server

Die SG-MIX-Station kann in der Realität natürlich nicht unendlich viele Prozessoren besitzen. Dennoch soll hier die SG-MIX-Station zunächst als ein idealer Verzögerer modelliert werden, da

---

1. M steht für memoryless oder markov'sch [Ross72].
2. D.h. die Zwischenankunftszeiten sind exponentialverteilt.

- das Verhalten eines idealen Verzögerers beliebig genau durch ein $M/M/n$ Servermodell nachgebildet werden kann (siehe Kapitel 5.4.1), und

- ein Verfahren angegeben werden soll, das unabhängig von Implementierungs- und Realisierungsdetails theoretisch beweisbaren Schutz leistet.

Günstige Eigenschaften des $M/M/\infty$-Modells

Die $M/M/\infty$-Warteschlange erfüllt die $M \Rightarrow M$ Eigenschaft (Markov Property), d.h. der Ausgangsprozeß ist wieder ein Poisson-Prozeß und unabhängig vom Ankunftsprozeß ([HaPa93], Seite 275). Diese Eigenschaft ist für die Sicherheit sowie für die Modellierung aus folgenden Gründen sehr wichtig:

Sicherheit: Der Angreifer kann wegen der Memoryless-Eigenschaft nicht aus der Beobachtung der vergangenen Zeiten vorhersagen, wann als nächstes ein Paket eine SG-MIX-Station verlassen wird.

Modellierung: Da bei jeder SG-MIX-Station die Markov-Eigenschaft erhalten bleibt, kann insbesondere der Ankunftsprozeß jeder SG-MIX-Station unabhängig von der Position in der Kette der benutzten SG-MIXe als Poisson-Prozeß modelliert werden.

Die Berechnung der Zeitfenster

Da die Bedienzeiten dem Paketgenerierer genau bekannt sind (da er sie vorgegeben hat), kann man, wenn man von einem idealen Netz ausgeht (konstante Verzögerungen auf den Leitungen), die genauen Ankunftszeiten an jeder Zwischenstation und am Endziel berechnen.

Wenn von dem Modell eines idealen Netzes abgewichen wird, so kann der Paketgenerierer immerhin ein Zeitfenster berechnen, das den frühesten und spätesten Zeitpunkt angibt, an dem das Paket mit einer hohen Wahrscheinlichkeit die entsprechende Station erreichen wird. Wenn ein Paket außerhalb des Zeitfensters ankommt, so soll das Paket verworfen werden.

Berechnung der Zeitfenster

Die Berechnung der Zeitfenster kann nicht perfekt realisiert werden. Für den Einsatz in realen Netzen müssen dabei Ungenauigkeiten einkalkuliert werden:

- Es wird angenommen, daß die Uhren der SG-MIXe durch ein Zeitsynchronisationsprotokoll mit einer maximalen Ungenauigkeit von *syn* synchronisiert sind (für mehr Information siehe Kapitel 5.4.3).

- Die Übertragungsverzögerungen im Netz schwanken ständig. Siehe „Paketlaufzeitschwankungen im Internet" auf Seite 102.

Es wird hier angenommen, daß die Verteilung der Paketlaufzeiten allgemein bekannt ist und durch regelmäßige Messungen aktuell gehalten wird. Ferner soll diese in regelmäßigen

Abständen veröffentlicht werden. Somit können die Zeitfenster für die jeweiligen MIX-Stationen bestimmt werden.

Für die konkrete Berechnung der Zeitfenster benötigt man folgende Parameter:

- *syn*: Synchronisationsgenauigkeit aller Uhren, d.h. der maximale Zeitversatz zweier Uhren zueinander beträgt *syn*.
- t_S: lokale Zeit des Senders
- N: Anzahl der SG-MIX-Stationen, die das Paket durchläuft
- T_i: generierte Verzögerungszeit für SG-MIX i (*Latenzzeit*)
- d_{ij}^{min}: minimale Übertragungsverzögerung zwischen SG-MIX i und SG-MIX j.
- d_{ij}^{max}: maximale Übertragungsverzögerung zwischen SG-MIX i und SG-MIX j.

Der Sender wird als SG-MIX M_0 betrachtet. Der Sender generiert damit für die SG-MIX-Station M_i die Zeitstempel:

$$T_i^{min} = t_S + \sum_{j=1}^{i-1} T_j + \sum_{j=1}^{i} d_{j-1,j}^{min} - syn \tag{5.2}$$

$$T_i^{max} = t_S + \sum_{j=1}^{i-1} T_j + \sum_{j=1}^{i} d_{j-1,j}^{max} + syn \tag{5.3}$$

Die maximale Laufzeitschwankung auf der Strecke zwischen SG-MIX i und SG-MIX j berechnet sich mit $\Delta d_{i,j} = d_{i,j}^{max} - d_{i,j}^{min}$. Die Größe des definierten Zeitfensters für SG-MIX i beträgt somit:

$$\Delta t_i = T_i^{max} - T_i^{min} = 2syn + \sum_{j=1}^{i} \Delta d_{j-i,j} \tag{5.4}$$

Die Größe der Zeitfenster ist linear abhängig von der Anzahl der benutzten SG-MIXe, da auf jedem Pfad die entsprechenden Minimum- und Maximum-Paketlaufzeiten einkalkuliert werden müssen. Die maximale Synchronisationsungenauigkeit der Uhren geht mit dem Faktor 2 in die Zeitfensterberechnung ein. Daraus kann geschlossen werden, daß je gleichmäßiger die Paketlaufzeiten in einem Netz und je genauer die Uhren synchronisiert sind, desto kleiner sind die resultierenden Zeitfenster.

Für das SG-MIX-Verfahren sind kleinere Zeitfenster günstig, da

- die mittlere Latenzzeit $1/\mu$ dadurch kleiner gewählt werden kann und somit die Ende-zu-Ende-Verzögerung kürzer ist (siehe Beispiel auf Seite 90), und
- der Angreifer weniger Möglichkeiten für Verzögerungsangriffe hat, da schon kurze Schwankungen bemerkt werden können.

Systemverhalten: „Lebenszyklus" einer SG-MIX-Station

Die Idee einer SG-MIX-Station läßt sich durch einen „Paketstau" veranschaulichen (siehe Abbildung 5-10). Die Pakete werden „sehr schnell" zu den SG-MIX-Stationen übertragen und müssen dort relativ „lange" verzögert werden. Der öffentliche Parameter μ muß so bestimmt werden, daß die dadurch erzeugten Verzögerungszeiten mit einer großen Wahrscheinlichkeit alle SG-MIX-Stationen permanent besetzt (*busy period*) halten, d.h. in allen SG-MIXen befinden sich Pakete, die bedient werden müssen.

Befindet sich die SG-MIX-Station in einer busy period, dann ist der Schutz der Reihenfolge gegeben. Da die Verzögerungszeit für jedes Paket unabhängig bestimmt wird, haben alle zu einem Zeitpunkt in der Station befindlichen Nachrichten gegenüber einem Externen die gleiche Wahrscheinlichkeit, den SG-MIX auch als nächste wieder zu verlassen. Ein Angreifer kann somit nicht aus der Reihenfolge des Ankommens auf die Reihenfolge des Verlassens schließen.

Da der obige Schutz nur mit einer hohen Wahrscheinlichkeit ermöglicht werden kann, kann es hier vorkommen, daß sich keine Pakete im System befinden. Dann ist die SG-MIX-Station in einer sogenannten *idle period*. Dieser Zustand ist aus der Perspektive der Sicherheit sehr kritisch, da hier keine Anonymitätsmenge vorhanden ist. Wie im Kapitel 4.1.1 allgemein begründet wurde, kann in einem solchen Zustand kein Schutz gewährleistet werden.

Busy periods und idle periods entscheiden über das Schutzverhalten der SG-MIX-Stationen und begleiten deshalb die Sicherheitsanalyse als die beiden wichtigen Zustände im „Lebenszyklus" einer SG-MIX-Station. Der durch einen SG-MIX gegenüber passiven sowie aktiven Angriffen gewährleistete Schutz läßt sich somit über die Auftrittswahrscheinlichkeit der busy bzw. idle period berechnen.

5.3.2 Die Sicherheit von SG-MIXen

In diesem Abschnitt wird der von einer SG-MIX-Station gewährleistete Schutz untersucht. Dazu wird der folgende Satz behauptet:

Satz 5.1: *Die SG-MIXe bieten einen probabilistischen Schutz gegenüber einem omnipräsenten Angreifer.*

Passiver Angriff und SG-MIX-Station

Bereits ein passiver Angreifer kann eine SG-MIX-Station überbrücken. Er muß dafür nur lange genug warten, bis die Station sich in einer idle period befindet. Wenn in diesem Zustand ein Paket ankommt (z.B. Paket x) und während der Bedienzeit von x kein weiteres, dann kann trivialerweise ein passiver Angreifer das Paket verfolgen. Unter den üblichen Annahmen, daß die restlichen N-1 SG-MIXe korrupt sind und der Beobachtete ehrlich, liefert das Verfahren in diesem Fall überhaupt keinen Schutz. Die aus dieser Betrachtung resultierende Aufgabe ist die Bestimmung der Häufigkeit dieser Unsicherheit. Dazu betrachtet man die folgenden Ereignisse:

A: Die Station ist in einer idle period (und der Angreifer hat dies beobachtet).

B: Vor dem Weitersenden der Nachricht trifft keine weitere Nachricht ein.

A und B sind stochastisch unabhängig, und es gilt:

$$P(\text{Erfolg des Angreifers}) = P(A \cap B) = P(A)P(B) \tag{5.5}$$

Die Warteschlangentheorie gibt die Wahrscheinlichkeit eines leeren Servers ($M/M/\infty$-Warteschlange) mit $P(A) = e^{-\lambda/\mu}$ [King90] an, wobei λ die Ankunftsrate und μ die Bedienrate (Systemparameter) darstellt.

Zur Berechnung der Wahrscheinlichkeit des zweiten Ereignisses sei X die Zufallsvariable, die die Wartezeit der betrachteten Nachricht x modelliert, die bei der Ankunft einen leeren Knoten vorfindet, und Y die Zufallsvariable, die die Zeit vom Eintreffen von x bis zum Eintreffen der nächsten Nachricht modelliert. Die Wahrscheinlichkeit $P(B)$ berechnet sich dann wie folgt:

$$P(B) = P(X < Y) = P(X - Y < 0) = \frac{\mu}{\lambda + \mu} = \frac{1}{1 + \lambda/\mu}$$

λ und μ sind die entsprechenden Parameter der exponentialverteilten Zwischenankunftszeit und der Bedienzeit.

Die Wahrscheinlichkeit, daß ein passiver Angreifer eine Nachricht verfolgen kann, ergibt sich mit Formel 5.5 zu:

$$P(Erfolg) = \frac{e^{-\lambda/\mu}}{1 + \lambda/\mu} \tag{5.6}$$

Beispiel: Wenn eine Ankunftsrate von $\lambda = 10$ Pakete/s angenommen und eine Bedienrate $\mu = 0{,}2$ Pakete/s gewählt wird, dann ist der Erwartungswert der Bedienzeit 5 Sekunden. Die Wahrscheinlichkeit, daß ein passiver Angreifer erfolgreich ist, ist gegeben durch den Ausdruck $e^{-50} \approx 1,9 \cdot 10^{-22}$. Wie aus der Kryptographie bzgl. der absoluten Ressource Zeit (siehe [Denn82]) bekannt, kann auch hier die folgende Argumentationskette verwendet werden:

Astrophysiker schätzen die restliche Lebensdauer der Erde auf $5 \cdot 10^9$ Jahre. Dies sind $1{,}6 \cdot 10^{17}$ Sekunden. In dieser Zeit können höchstens $1{,}6 \cdot 10^{18}$ Pakete eine SG-MIX-Station durchlaufen. Die Wahrscheinlichkeit, daß eines der Pakete die Station leer vorfindet, ist somit geringer als 10^{-4}.

Reicht diese Sicherheit nicht aus, dann kann durch Erhöhung der durchschnittlichen Wartezeit von 5 s auf 50 s die Sicherheit auf e^{-500} erhöht werden.

Aktiver Angriff und SG-MIX-Station

Anstatt auf eine idle period zu warten, kann ein aktiver Angreifer das „Leerwerden" der Station beschleunigen, indem die Pakete zu einer SG-MIX-Station blockiert werden. Nach dem Erreichen der erzwungenen idle period kann der Angreifer ein Paket x weitervermitteln, den Zugang zur SG-MIX-Station wieder blockieren und warten, bis das Paket x bearbeitet wird. Der erfolgreiche Angriff erfolgt in vier Schritten (siehe Abbildung 5-11):

A. Nachricht x erreicht die korrupte SG-MIX-Station.

B. Der Angreifer blockiert den Zugang zu der SG-MIX.

C. Der Angreifer wartet bis der SG-MIX leer wird.

D. Der Angreifer sendet Paket x.

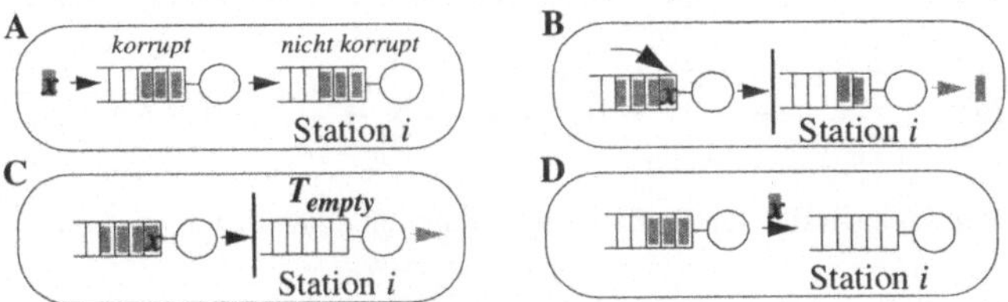

Abbildung 5-11: Blocking Attack

Bei diesem Angriff muß das Paket x zuerst eine Zeit lang (T_{empty}) verzögert werden. Diese Verzögerung kann jedoch durch das vertraulich mitgesendete Zeitfenster erkannt und der Angriff dadurch abgewehrt werden. Die Anforderungen an die Zeitstempel sind somit klar umrissen:

> Das Orginalpaket soll akzeptiert werden, ein für die Dauer T_{empty} verzögertes Paket soll jedoch erkannt und verworfen werden, d.h. $T^{min} < t_{arr} < T^{max} < t_{arr} + T_{empty}$

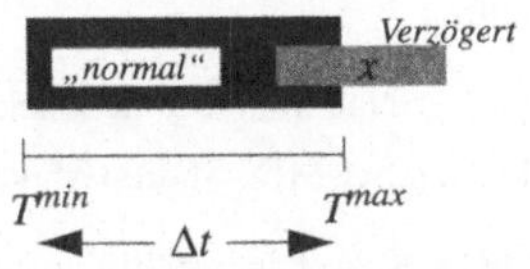

Abbildung 5-12: Erkennung einer Blocking Attack

Ein erfolgreicher Angriff kann nur dann stattfinden, wenn die Entleerungszeit nach höchstens Δt Zeiteinheiten abgeschlossen ist.

Berechnung der Wahrscheinlichkeit des erfolgreichen Blocking-Angriffs

Ein sich im SG-MIX M_i befindendes Datenpaket hat mit der Wahrscheinlichkeit

$$P(X \leq \Delta t) = 1 - e^{-\mu \Delta t}$$

den Server nach höchstens Δt Zeiteinheiten verlassen. Unter der Annahme, daß sich n Pakete im Server befinden, ist die Erfolgswahrscheinlichkeit des Angriffs gegeben durch:

$$P(Erfolg | X = n) = (1 - e^{-\mu \Delta t})^n.$$

Die Anzahl der Pakete in einem $M/M/\infty$-Server genügt der Poissonverteilung mit $\rho = \lambda/\mu$:

$$P(X = i) = \frac{\rho^i}{i!} \cdot e^{-\rho}.$$

Mit dem Satz der totalen Wahrscheinlichkeit berechnet sich die Erfolgswahrscheinlichkeit zu:

$$P(Erfolg) = \sum_{i=0}^{\infty} \frac{(1 - e^{-\mu \Delta t})^i \cdot \rho^i \cdot e^{-\rho}}{i!} = e^{-\lambda/\mu} \sum_{i=0}^{\infty} \frac{((1 - e^{-\mu \Delta t}) \cdot \rho)^i}{i!}$$

Unter Nutzung der Taylor-Reihe für die Exponentialfunktion erhält man insgesamt:

$$= \exp\left(\frac{-\lambda e^{-\mu \Delta t}}{\mu}\right) \tag{5.7}$$

Beispiel: Wenn $\Delta t = 1s$ angenommen wird und die obigen Parameter für $\lambda = 10$ Pakete/s und $\mu = 0{,}2\ 1/s$ übernommen werden, dann ist die Erfolgswahrscheinlichkeit eines aktiven Angiffs bestimmt durch den Ausdruck $P(Erfolg) \approx e^{-41} \approx 1{,}6 \cdot 10^{-16}$. Wählt man entsprechend die Verzögerungszeit mit einer geringeren Rate $\mu = 0{,}1689\ 1/s$, d.h. der Erwartungswert der Bedienzeit ist ca. 6 Sekunden, dann sinkt die Erfolgswahrscheinlichkeit wieder auf $P(Erfolg) \approx e^{-50}$.

Eine höhere Wahrscheinlichkeit für einen erfolgreichen Angriff ergibt sich, wenn der Angreifer gezielt eine SG-MIX-Station i vor der Sendung des Pakets x blockieren könnte. Dazu müßte jedoch der Angreifer explizit

- den Zeitpunkt der Sendung einer Nachricht des beobachteten Teilnehmers wissen, und
- die Wahl der speziell blockierten SG-MIX-Station M_i vorhersagen können.

Da jedoch der Sender die SG-MIX-Stationen zufällig aus einer großen Menge von SG-MIX-Stationen wählt, kann ein solcher Angriff als sehr hypothetisch betrachtet werden. Wenn der Angreifer allerdings das gesamte Netz (alle ehrlichen SG-MIX-Stationen) für eine unbestimmte Zeit lang blockiert, dann könnte er eine erfolgreiche Blocking Attack durchführen. In jedem Fall würden diese Angriffe zu sehr vielen Paketverlusten führen und kaum unentdeckt bleiben.

Beweisschluß

Das SG-MIX-Verfahren liefert gegen passive sowie aktive Angriffe einen Schutz, der vom Parameter μ in der Weise abhängt, daß dessen lineare Änderung die Wahrscheinlichkeit eines erfolgreichen Angriffs (siehe Formel 5.6 und 5.7) exponentiell gegen 0 konvergieren läßt. ♦

Entdeckung von Paketverlusten

Bei aktiven Angriffen, insbesondere bei Angriffen auf die Verfügbarkeit (Denial-of-Service Attack), kommt es zeitweilig zu großen Paketverlusten. Es stellt sich die Frage, ob es möglich ist, einen solchen Angriff zu entdecken.

Eine mögliche Lösung besteht darin, daß unabhängige TTPs oder SG-MIX-Stationen Kontrollpakete versenden und somit die Verfügbarkeit der SG-MIXe im SG-MIX-Netz überprüfen. Wenn die versendeten Kontrollpakete später als üblich oder überhaupt nicht am Zielort ankommen, dann kann ein Angriff vorliegen. In so einem Fall werden die entsprechenden SG-MIXe benachrichtigt und Gegenmaßnahmen[1] ergriffen.

Die Umsetzung der obigen Idee ist hier recht einfach möglich, da dem Sender der Zeitrahmen für den Empfang einer Nachricht bekannt ist. Der Sender kann somit Kontrollpakete über mehrere SG-MIXe an sich selbst senden und dadurch die Übermittlungseigenschaften des "Kontrollpfades" überprüfen. Die Kontrollpakete werden als solche nicht erkannt, da das SG-MIX-Verfahren[2] angewandt wird.

Kommen die Pakete rechtzeitig an, dann kann davon ausgegangen werden, daß auf dem Kontrollpfad kein Angriff vorliegt (vergl. auch Keepalive-Timer [Tane96], Seite 542). Verspätet sich ein Paket oder kommt es überhaupt nicht an, so ist dies ein Indiz für einen Angriff. Diese Ereignisse können mit einem Keepalive-Timeout-Parameter erfaßt werden. Dabei kommt diesem Keepalive-Timeout-Parameter eine große Bedeutung zu, denn

- ist der Wert des Keepalive-Timeouts zu klein, dann kann die kleinste Netzstörung einen Fehlalarm auslösen (false positives) und

- ist der Wert des Keepalive-Timeouts zu groß, dann bleiben evtl. Angriffe unentdeckt (false negatives).

Der Keep-Alive-Timeout-Parameter muß deshalb in Abhängigkeit von der Übertragungsqualität des Netzes gewählt und ständig durch einen Regelkreislauf überprüft werden.

---

1. Z.B. könnte man als Sofortmaßnahme die Weiterleitung aller gesendeten Pakete anhalten und bis zur Klärung der Ursache die Anonymisierungsdienste nicht anbieten.
2. Wenn nicht alle benutzten SG-MIXe und/oder Teilnehmer korrupt sind.

5.3.3   Anonymitätsmenge

Die Anonymitätsmenge eines SG-MIXes wird indeterministisch gebildet, und deshalb kann sie beachtliche Größen erreichen. Obwohl der Angreifer den öffentlichen Parameter μ kennt, kann er dennoch nicht die zufällig gewählten Latenzzeiten der Teilnehmer ermitteln. Wenn z.B. ein Paket x verfolgt wird, dann ist der Aufenthalt des Pakets x in einer SG-MIX-Station so lange latent, bis die betrachtete SG-MIX-Station die idle period erreicht. Insbesondere gehören alle Pakete, die in der Zwischenzeit verarbeitet werden, zur Anonymitätsmenge (siehe Definition Anonymitätsmenge Def. 4.1, Kapitel 4.1, Seite 35).

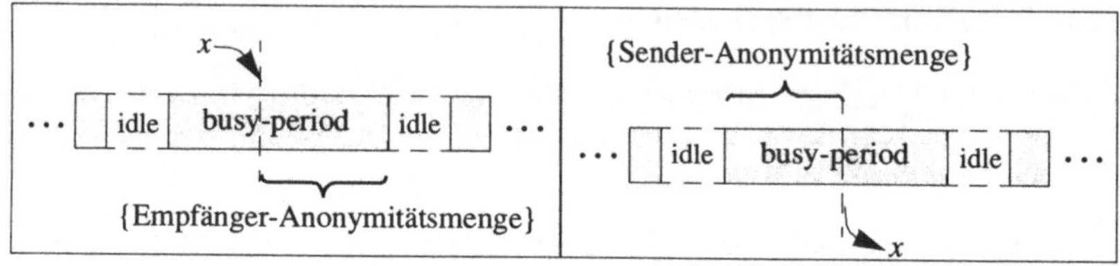

Abbildung 5-13: Lebenszyklus einer SG-MIX-Station und Empfänger- und Sender-Anonymitätsmenge

Zur konkreten Berechnung der mittleren Größe der Anonymitätsmenge muß bei den SG-MIXen zwischen Empfänger- und Sender-Anonymitätsmenge unterschieden werden (siehe Abbildung 5-13):

> Die **Empfänger-Anonymitätsmenge** besteht aus den Empfängern aller Nachrichten, die sich zum Zeitpunkt des Empfangs der Nachricht x durch die SG-MIX-Station im Zwischenknoten befinden oder innerhalb der gleichen busy period empfangen werden. Ein Angreifer kann für keine der nach der Ankunft der betrachteten Nachricht x bis zum Zeitpunkt, an dem die Zwischenstation leer wird, weitergesendeten Nachrichten ausschließen, daß es sich um die betrachtete handelt.

> Die **Sender-Anonymitätsmenge** besteht aus den Sendern aller Nachrichten, die von Anfang der Busy-Period bis zum Zeitpunkt des Weitersendens der Nachricht x von der SG-MIX-Station empfangen wurden. Ein Angreifer kann wiederum für keine der Nachrichten, die in der Zeit vom Anfang der busy-period bis zu diesem Zeitpunkt von der SG-MIX Station empfangen wurden, ausschließen, daß es sich um die betrachtete Nachricht x handelt.

Offensichtlich ist in der Anfangsphase der busy-period die Sender-Anonymitätsmenge für ein Paket klein und umgekehrt die Empfänger-Anonymitätsmenge groß (siehe Abbildung 5-13). Zum Ende der busy-period verhalten sich die Anonymitätsgrößen umgekehrt, so daß das folgende Lemma gilt:

Lemma 5.1: *Die von einer SG-MIX-Station erzeugte mittlere Mächtigkeit der Empfänger-Anonymitätsmenge und der Sender-Anonymitätsmenge in einer busy period sind unter der*

Annahme gleich, daß alle Nachrichten, die in einer busy-period bearbeitet werden, verschiedene Sender und Empfänger haben.

Beweis: Angenommen, in einer busy period werden n Pakete von einer SG-MIX-Station bearbeitet. Betrachte jeweils für zwei spezielle Pakete paarweise die Anonymitätsgrößen. Für das erste ankommende Paket ist die Empfänger-Anonymitätsgröße n und für das letzte abgehende Paket ist die Sender-Anonymitätsgröße ebenfalls auch n. Für das zweite und das vorletzte Paket sind die entsprechenden Anonymitätsmengen gleich n-1 etc. ♦

Satz 5.2: *Die mittlere Mächtigkeit der Anonymitätsmenge A ist unter der Annahme, daß alle Nachrichten, die in einer busy period bearbeitet werden, verschiedene Sender und Empfänger haben, gegeben durch*

$$E(|A|) \;=\; \frac{\lambda}{\mu} + \frac{e^{\lambda/\mu} + 1}{2} \, .$$

Zur Berechnung der mittleren Anonymitätsgröße wird das folgende Lemma benötigt:

Lemma 5.2: *Die mittlere Anzahl der Kunden in einer busy period der M/M/∞-Warteschlange mit Ankunftsrate λ und Bedienrate μ ist gegeben durch $E(X_n) = e^{\lambda/\mu}$, wobei X_n die Anzahl in der n-ten busy period der bedienten Kunden angibt ($n \in$ Nat). Insbesondere sind die X_n stochastisch unabhängig und identisch verteilt.*

Beweis Lemma: Die M/M/∞-Warteschlange hat bezüglich der Anzahl der Kunden im System einen abwechselnden Lebenszyklus aus idle period und busy period (siehe Abbildung 5-13). Sei $\{N_t\}$ der Prozeß, der die Anzahl von Kunden im System zu einem Zeitpunkt t angibt. Da die Exponentialverteilung die Markoveigenschaft erfüllt, gilt, daß $\{N_t\}$ ein regenerativer Prozeß ist. Betrachte die Zeitpunkte, zu denen eine idle period beginnt, als die Regenerationspunkte der M/M/∞-Warteschlange.

Nutzung des Fundamentalsatzes über regenerative Prozesse [King90]: π_0 sei die Wahrscheinlichkeit, daß das System zu einem beliebigen Zeitpunkt leer ist. Sei weiterhin $E(t_i)$ der Erwartungswert der Länge der idle period und $E(t_i + t_b)$ die mittlere Zykluslänge, wobei t_b die Länge der busy period bezeichnet. Nach dem Fundamentalsatz über regenerative Prozesse gilt:

$$\pi_0 \;=\; \frac{E(t_i)}{E(t_i + t_b)} \tag{5.8}$$

Aufgrund der Linearität des Erwartungswertes ist $E(t_i + t_b) = E(t_i) + E(t_b)$. Nach [King90] ist $\pi_0 = e^{-\lambda/\mu}$ und weiter gilt $E(t_i) = 1/\lambda$, da t_i eine Zwischenankunftszeit darstellt und diese hier exponentialverteilt ist. Damit ergibt sich:

$$e^{-\lambda/\mu} \;=\; \frac{1/\lambda}{1/\lambda + E(t_b)} \quad \text{und daher} \quad E(t_b) \;=\; \frac{e^{\lambda/\mu} - 1}{\lambda} \, .$$

Die Pakete treffen gemäß eines Poissonprozesses mit Rate λ ein. Für die Anzahl der Kunden n_b, die während der busy period ankommen, ergibt sich somit (Little's Law):

$$E(n_b) \;=\; \lambda \cdot E(t_b) \;=\; e^{\lambda/\mu} - 1 \;.$$

Die obige Betrachtung muß noch um den Kunden erweitert werden, der die busy period ausgelöst hat. Für die mittlere Anzahl der Kunden in der busy period gilt:

$$E(X_n) \;=\; e^{\lambda/\mu} . \blacklozenge$$

Zur Berechnung der mittleren Anonymitätsgröße kann nach Lemma 5.1 die Sender- oder Empfänger-Anonymitätsmenge herangezogen werden. Zum Beweis von Satz 5.2 wird hier die Empfänger-Anonymitätsmenge betrachtet.

Beweis von Satz 5.2:

Betrachte zur Berechnung der mittleren Empfänger-Anonymitätsmenge die Zufallsvariable Y, die die Anzahl der Nachrichten angibt, die ab der betrachteten (einschließlich) bis zum Ende der busy period eintreffen. Sei X_n wiederum die Zufallsvariable, die die gesamte Anzahl an Nachrichten angibt, die während dieser busy period bearbeitet werden. Dann gilt offensichtlich[1] für $m, l \in$ **Nat**:

$$P(Y = m \,|\, X_n = l) \;=\; \begin{cases} \dfrac{1}{l}, & m \leq l \\[2ex] 0, & sonst \end{cases}$$

Für den bedingten Erwartungswert ergibt sich somit:

$$P(Y \,|\, X_n = l) \;=\; \sum_{m=1}^{l} \frac{m}{l} = \frac{l+1}{2}$$

Die Summation über X_n liefert

$$E(Y) \;=\; \sum_{l=1}^{\infty} \frac{l+1}{2} \cdot P(X_n = l) \;=\; \sum_{l=1}^{\infty} \left(\frac{1}{2} \cdot l \cdot P(X_n = l) + \frac{1}{2} \cdot P(X_n = l) \right)$$

$$\;=\; \frac{1}{2} E(X_n) + \frac{1}{2}$$

---

1. Das Modell ist äquivalent zu einer Urne mit durchnumerierten Kugeln (l Kugeln), bei der die Wahrscheinlichkeit bestimmt wird, daß beim ersten Ziehen die Kugel mit der Nummer m gezogen wird.

Die mittlere Anzahl der Kunden in einer beliebigen busy period wurde oben bereits berechnet. Somit gilt $E(Y)=1/2 \cdot e^{-\lambda/\mu} + 1/2$. Der Erwartungswert der Anzahl von Nachrichten, die sich schon im Zwischenknoten befinden, ist nach [King90] λ/μ. Insgesamt folgt damit:

$$E(|A|) = \frac{\lambda}{\mu} + E(Y) = \frac{\lambda}{\mu} + \frac{e^{\lambda/\mu} + 1}{2} .$$

Mit Lemma 5.2 ist die Anonymitätsmenge einer SG-MIX-Station durch den obigen Ausdruck gegeben. ♦

5.3.4 Zusammenfassung und Bewertung der SG-MIX-Verfahren

Das SG-MIX-Verfahren ersetzt die Aufgabe des Sammelns von Paketen durch die Aufgabe der Ansammlung von Paketen in einer Zwischenstation.

Bei der SG-MIX-Methode sichern die einzelnen Teilnehmer ihren eigenen Verkehr. Der so „gesicherte" Verkehr erzeugt in jeder SG-MIX-Station mit hoher Wahrscheinlichkeit eine Ansammlung von Paketen. Die sichere Sammlung von n Paketen wird somit über den Umweg der sicheren Nachrichtenübermittlung mit Zeitprotokollen erreicht.

Diese Ansammlung entsteht durch die Einstellung des Systemparameters μ, der den Schutzgrad des Verfahrens bestimmt. Je höher die mittlere Latenzzeit ist ($1/\mu$), desto exponentiell mehr Schutz bietet das Verfahren. Durch die Nutzung des öffentlichen Parameters sind die Teilnehmer maximal unabhängig voneinander und arbeiten durch die Verwendung des Parameters und des Protokolls dennoch zusammen. Insbesondere kann hier auf Authentifizierung durch eine dritte Instanz und Loop-Back verzichtet werden. Das Verfahren verwendet und gestaltet zwei Gegebenheiten:

- In einer offenen Umgebung kann das Verkehrsverhalten der Endteilnehmer so gestaltet werden (siehe Kapitel 5.1.2), daß dabei die anonyme Kommunikation nicht nachteilig beeinflußt wird und eine gewünschte statistische Eigenschaft des Gesamtverkehrs erreicht wird (Poisson-Prozeß).

- Da nicht explizit gesammelt, sondern eine statistische Ansammlung ermöglicht wird, kann der Einzelteilnehmer durch den Einsatz von Zeitprotokollen eine hohe Kontrolle über das eigene Paket erreichen und somit die Ansammlung sichern.

Der letzte Punkt ist insbesondere sehr anwendungsfreundlich, da hier z.B. Verfahren zur Fehlerkontrolle eingesetzt werden können und der Endteilnehmer die maximale Ende-zu-Ende-Verzögerung seines Pakets berechnen kann. Insgesamt hat das SG-MIX-Verfahren folgende positive Eigenschaften:

- bewertbarer Schutz

- keine Authentifizierung, kein Loop-Back notwendig

- große Anonymitätsmenge

- Ende-zu-Ende Verzögerung für Paketgenerierer sichtbar

Der Nachteil des Verfahrens resultiert aus der Abhängigkeit des öffentlichen Systemparameters μ von drei Faktoren, die nicht exakt bestimmt werden können. Diese Schwäche kann von einem Angreifer ausgenutzt werden, indem die Werte verfälscht werden. Diese Faktoren sind (siehe Abbildung 5-14) der Verkehr λ, die Paketlaufzeitschwankung Δd_{ij} und die Synchronisationsgenauigkeit der Uhren *syn*.

- Verkehr λ: Eine Messung[1] dieses Parameters erweist sich als sehr schwierig. Insbesondere darf der Angreifer beliebig viele Pakete selbst erzeugen. Eine korrekte Messung des Verkehrs, die nur von ehrlichen Teilnehmern produziert wird, ist nicht möglich. Ein Angreifer, der so viel Verkehr produziert wie die Gesamtzahl aller Beteiligten, kann den Schutz des Verfahrens aushöhlen.

- Paketlaufzeitschwankung Δd_{ij} und Synchronisationsgenauigkeit aller Uhren *syn*: Diese Werte können zwar beliebig genau gemessen werden, aber gegen einen Angreifer, der diese Einheiten kontrolliert, kann technisch nichts unternommen werden.

Die obigen Messungen müssen deshalb durch organisatorische Maßnahmen (überwachende Instanzen) unterstützt werden, so daß die Möglichkeiten des Angreifers eingeschränkt werden.

Zusammenfassend ergibt sich daher: Um den Einfluß der „falschen" Messung so gering wie möglich zu halten, hilft nur die lange Verzögerung von Paketen. Dies ist hier besonders einfach möglich, da lineare Veränderungen von μ exponentielle Verbesserungen bringen.

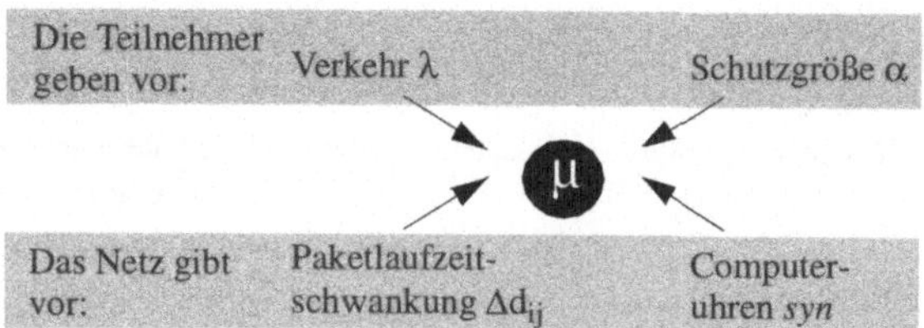

Abbildung 5-14: Einflußfaktoren bzgl. des Sicherheitsparameters μ

Sind die Größen durch Messungen und Statistiken entsprechend abgeschätzt, so kann aus den Werten Grundlast λ, Zeitfenstergröße Δd_{ij}, Zeitversatz zweier Uhren *syn* und gewünschter Schutzgrad α der öffentliche Systemparameter μ gemäß den Formeln 5.6 und 5.7 bestimmt werden.

---

1. Da der Verkehr gleichmäßig auf alle SG-MIXe verteilt wird, liefert jede lokale Messung an einer SG-MIX-Station eine gute Abschätzung der Verkehrslast λ.

5.4   Der praktische Einsatz von SG-MIX-Stationen

Bis jetzt wurde das Stop-and-Go-MIX-Verfahren allgemein eingeführt und abstrakt durch eine $M/M/\infty$-Warteschlange beschrieben. In diesem Abschnitt soll die Praktikabilität der SG-MIXe genauer betrachtet werden. Als Beispielumgebung wird das Internet gewählt. Folgende Untersuchungen werden für den praktischen Einsatz im Internet vorgestellt:

- Architekturvorschlag für eine hochleistungsfähige SG-MIX-Station,
- Nutzung des Internets für SG-MIXe (typische Paketlaufzeiten),
- Uhrensynchronisationsmechanismen für den SG-MIX-Einsatz im Internet,
- Mikroskopische Simulation der Netzvorgänge und
- Testimplementation (wird im Kapitel 8 allgemein vorgestellt).

5.4.1   Der Knoten: Architekturvorschlag

Um die zukünftigen Anforderungen an das Internet zu erfüllen, werden unter dem Schlagwort „differentiated services" eine Reihe von Gestaltungsarbeiten betrachtet [KLS98]. Router sollen danach neben den einfachen Vermittlungsaufgaben verschiedene Aufgaben mit „Quality of Service" QoS-Parametern (z.B. Sicherheit) übernehmen. Diese sollen nach [KLS98] folgenden Leistungsanforderungen genügen:

- Vermeidung der Warteschlangenbildung bevor der Header bearbeitet wird,
- Schnelle Lookup-Prozesse (unter 1 µs) auf Cachegrößen bis zu 256 000 Einträgen,
- Verarbeitung von 1 Million Pakete/s bei Paketfilterung oder Paketklassifikation bei Verwendung von bis zu 8000 Filterregeln (z. B. für Firewalls),
- etc.

Die obigen Leistungsdaten erfüllen die notwendigen Voraussetzungen, um eine Hochleistungs-SG-Station zu realisieren. Im Folgenden sollen die Funktionalitäten der SG-MIXe mit den genannten Leistungsgrößen betrachtet werden.

In Abbildung 5-15 ist ein Architekturvorschlag für eine SG-MIX-Station abgebildet. Bei Ankunft eines neuen Pakets x können zwei Aktionen parallel ausgeführt werden:

- Festlegung der Ankunftszeit, und
- Überprüfung auf Paketwiederholungen.

Wenn Paket x kein Duplikat ist, d.h. es liegt kein Replay-Angriff vor, dann kann mit der Entschlüsselung begonnen werden. Der Entschlüsselungsprozeß umfaßt hier gemäß dem Protokoll der SG-MIXe auch das Anhängen von Dummy-Blöcken (siehe Protokoll Seite 82). Nach der Entschlüsselung soll gemäß der Information im Header das Paket ideal verzögert werden. Dazu wird von der vorgegebenen Latenzzeit die bisherige Bearbeitungszeit abgezogen und das

Paket zum Weitersenden zwischengespeichert (siehe Abbildung 5-15). Die zeitaufwendigen Aufgaben einer SG-MIX-Station sind demnach die folgenden Schritte:

1. Überprüfung auf Nachrichtenwiederholungen (Replay-Angriff),

2. Entschlüsselung der eingetroffenen Nachrichten,

3. Überprüfung des Zeitfensters,

4. Zwischenspeichern der Nachrichten (Verzögern nach der Vorgabe) und

5. Weiterleiten der Nachrichten.

Diese fünf Schritte sollen bzgl. ihres Zeitaufwands im Folgenden untersucht werden.

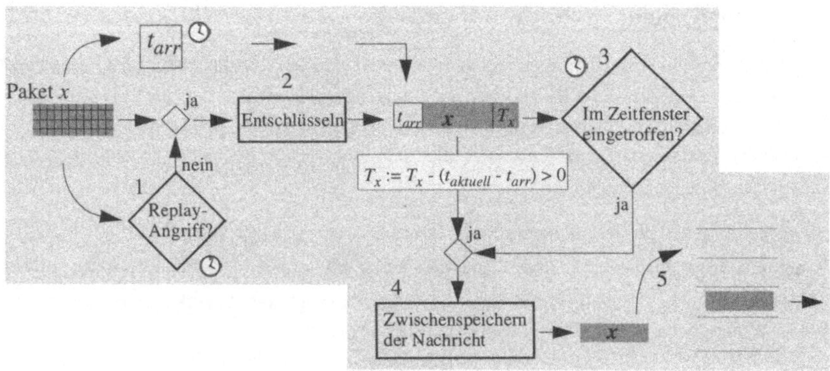

Abbildung 5-15: Modell einer High-End SG-MIX Station

Überprüfung auf Replay-Angriffe

Durch den Einsatz von Zeitstempeln muß ein Paket zur Überprüfung auf Duplikate nur solange von einer SG-MIX-Station im Speicher gehalten werden, bis T^{max}, der maximale Zeitwert des Zeitfensters (T^{min}, T^{max}), abläuft. Alle Duplikate werden nach dem Ablauf der Zeit T^{max} ja schon aus diesem Grund abgelehnt. Folglich kann die Größe hier sehr klein gehalten werden. Durch Speicherung von Hashwerten oder mitgesendeten geheimen Schlüsseln k_i (siehe Protokoll Seite 82) zur eindeutigen Nachrichtenidentifikation statt vollständiger Nachrichten sind Speicherplatz sowie Suchzeit sehr gering.

Beispiel: Geht man von sehr ungünstigen Verbindungen aus (vgl. z.B. die Laufzeitschwankungen zwischen einem IEEE-Rechner in der USA zur RWTH Aachen, die zwischen 74 *ms* und über 240 *ms* schwanken kann (siehe Tabelle 5-17)), so berechnet sich die Größe des Zeitfensters bei Verwendung von fünf SG-MIXen beim letzten MIX nach der Formel 5.4 zu: 0,66 s + 2·*syn*. Eine Zeitfenstergröße von 2 s stellt somit eine hinreichende Abschätzung nach oben dar (siehe Synchronisationsmechanismen Kapitel 5.4.3 für *syn*). In dieser Zeit werden kaum mehr als 100 000 Werte in einer SG-MIX-Station gespeichert sein (vgl. Seite 100), was nach der obigen Lookup-Technik einen vernachlässigbaren Zeitaufwand von 1 µs oder noch weniger bedeutet.

Entschlüsselung

Entschlüsselung ist nicht nur von der Leistungsfähigkeit des Servers abhängig, sondern hängt auch stark vom benutzten Verschlüsselungsverfahren ab. Da hier eine hybride Verschlüsselung verwendet wird (siehe Protokoll auf Seite 82), muß nur der erste Block mit der langsameren, asymmetrischen Verschlüsselung entschlüsselt werden und der Rest mit dem wesentlich schnelleren symmetrischen Kryptosystem.

Beispiel: Betrachte eine Paketgröße von 16 KByte bei Nutzung von SG-MIXen, die wohl für diverse Benachrichtigung (Messaging) hinreichend groß gewählt ist. Es wird gemäß dem vorgestellten Protokoll eine hybride Verschlüsselung betrachtet, wobei der erste Block mit einem asymmetrischen Kryptosystem entschlüsselt werden muß. Die Blocklänge muß gemäß dem Protokoll nur so groß sein, daß die asymmetrische Verschlüsselung mit der entsprechenden Schlüssellänge angewandt werden kann. Die übrigen Blöcke werden durch die Anwendung eines symmetrischen Kryptosystems entschlüsselt.

> In [Schi97] wird eine RSA-Hardwareimplementierung mit einer Schlüssellänge von 1024 Bit mit 175 KBit/s angegeben. Schneier gibt in [Schn96] ebenfalls eine Hardware-implementierung des Triple-DES mit 21 Mbyte/s an. Somit ergeben sich für die RSA-Entschlüsselung 5,85 ms, für DES 0,76 ms und damit als Gesamtwert 6,61 ms. Eine Paketbedienrate von ca. 151 Paketen pro Sekunde und eine Datenrate von 2,4 MByte/s können somit als „sichere" Variante erreicht werden.

> In [Schi97] wird eine Hardwareimplementierung des RSA mit einer Schlüssellänge von 512 Bit mit 600 KBit/s angegeben und Schneier gibt in [Schn96] ebenfalls eine Hardwareimplementierung des DES mit 200 Mbyte/s an. Somit ergeben sich für die RSA-Entschlüsselung 0,85 ms, für DES 0,079 ms und damit als Gesamtwert 0,929 ms. Eine Paketbedienrate von ca. 1081 Paketen pro Sekunde und eine Datenrate von 17 MByte/s können somit als „schnelle", aber dafür weniger „sichere" Variante erreicht werden.

Die obigen Werte zeigen, daß hiermit die Leistung der meisten heutigen Netze übertroffen wird. Außerdem kann prinzipiell die Leistung noch gesteigert werden, indem parallel Entschlüsselungsmodule eingesetzt werden, so daß die Anforderung der schnellen Netze durchaus erfüllt werden kann.

Überprüfung auf Zeitfenster, Verzögern und Weitervermitteln

Die Überprüfung auf Zeitfenster, Verzögern und Weitervermitteln sind Aktionen, die regelbasiert angewandt werden können und somit einen Durchsatz von 1 Million Pakete pro Sekunde erreichen können [KLS98].

Die eigentliche Belastung der Zwischenstation resultiert hauptsächlich aus der Anzahl von Nachrichten, die zwischengespeichert und entsprechend zeitlich sortiert weitergesendet werden müssen. Die Anzahl der Pakete im System kann durch die $M/M/\infty$-Modellannahme[1] der Warteschlange einfach berechnet werden. Ist eine Ankunftsrate von λ und eine Bedienrate von μ festgelegt, dann läßt sich durch die Poisson-Verteilung mit den entsprechenden Parametern die Anzahl der zu einem beliebigen Zeitpunkt in Server befindliche Nachrichten berechnen.

Beispiel: Wird bei einer SG-MIX-Station wie oben $\lambda/\mu=50$ gewählt, so befinden sich durchschnittlich 50 Pakete im Server, mit 99,9% Wahrscheinlichkeit sind es weniger als 75 und mit einer Wahrscheinlichkeit von $1 - 0{,}2{\cdot}10^{-6}$ weniger als 90 Pakete (Berechnung durch das Programm Maple [Char91]). Diese Anzahl von Paketen kann durchaus von einer Hochleistungs-SG-MIX-Station bewältigt werden.

SG-MIX-Station für Echtzeitanwendungen

Die durchschnittliche Verzögerung der Pakete in den SG-MIX-Stationen ist ausschließlich durch die Latenzzeiten gegeben, also die Zeit, die ein Paket im Server verbringen muß, um die gewünschte Anonymisierung zu gewährleisten. Wird wie oben $\mu=\lambda/50$ gewählt, so wartet jedes Paket im Durchschnitt 50 Pakete ab, bis es weiterversendet werden kann. Nun kann diese Latenzzeit durch Erhöhung des Eingangsstroms λ verringert werden. Bei entsprechenden Netzkapazitäten und entsprechender Netzlast stellt sich die Frage, ob die Anforderungen von Echtzeitsystemen erfüllt werden könnten. Nach [Part94] (Seite 181) wird eine Verzögerung von 600 ms (Round-Trip Delay) für eine Audio-Übertragung als durchaus akzeptabel angegeben. Eine Hochleistungs-SG-MIX-Station ist durchaus in der Lage, diese Anforderung zu erfüllen. Jedoch scheitert dieser Punkt an der Netzumgebung (offene Umgebung), die für die SG-MIXe folgende Anforderungen erfüllen müßte:

- die Netzlast darf nicht unter eine definierte Schwelle fallen,

- geringe Paketlaufzeitschwankungen im Netz und

- perfekt synchronisierte Uhren.

---

1. Die Leistungsfähigkeit der einzelnen Komponenten bei einer Hochleistungs-SG-MIX-Station begründet solch eine Modellannahme.

5.4.2 Das Netz: Internet

Das Internet ist ein offenes Übertragungsnetz, dessen Vermittlungsknoten fast überall auf dem Globus verteilt sind. Ein zentraler Betreiber existiert hier nicht. Das Gegenteil ist der Fall: Das gesamte Netz ist nicht organisiert und besteht aus mehreren autonomen Betreibern. Einheitlich werden nur die Adressenvergabe und die Kommunikationsprotokolle festgelegt. Weil die Adressen somit global eindeutig und die Kommunikationsprotokolle dieselben sind, ist eine offene, globale Kommunikation möglich (siehe für weitere Infos [Tane96]).

Für die Kommunikation zwischen Endteilnehmern wird das *Internet-Protocol* (IP) benutzt. Das IP-Protokoll tauscht sogenannte unabhängige IP-Datagramme zwischen den Endrechnern aus. Die Datagramme sind dabei nicht gesichert, d.h. es existiert keine Garantie, daß diese Pakete auch ankommen („Send and Pray"-Methode). Eine Sicherung der IP-Datagramme wird von einer höheren Schicht übernommen, dem *Transmission Control Protocol* (TCP) (siehe Abbildung 5-16).

Oberhalb der TCP-Schicht sind die Anwendungen angesiedelt (siehe Abbildung 5-16). Zu den am häufigsten benutzten sind E-Mail und das World-Wide-Web (WWW) zu zählen. Die auszutauschenden Anwendungsdaten werden von TCP übernommen, in TCP-Pakete segmentiert und zuverlässig Ende-zu-Ende vermittelt. Dabei wird eine „logische" Verbindung zum Endsystem aufgebaut und TCP-Pakete Ende-zu-Ende übertragen. TCP bedient sich der IP-Datagramme als Vehikel. Da IP, wie erwähnt, unzuverlässig arbeitet, muß TCP auf der höheren Schicht auf vollständige und korrekte Übertragung achten.

Neben dem zuverlässigen TCP-Protokoll kann aus der Anwendungsschicht heraus UDP (User Datagram Protocol) benutzt werden. UDP bietet der Anwendungsschicht eine verbindungslose und ungesicherte Paketübermittlung an und unterscheidet sich somit nur geringfügig von der IP-Schicht. Für eine genaue Beschreibung des TCP/IP-Protokollstapels siehe [Stev94].

Anwendung: E-Mail, WWW, etc.	
TCP	UDP
IP	
Ethernet, X.25, ATM, etc.	

Abbildung 5-16: Der TCP/IP-Protokollstapel

Einordnung der SG-MIX in den TCP-IP Protokollstapel

Die Einordnung des SG-MIX-Protokolls muß so gestaltet sein, daß die Anonymität, die durch die SG-MIXe hervorgerufen wird, optimal durch die unteren Protokollschichten unterstützt wird. Offensichtlich ist dies erfüllt, wenn das SG-MIX-Protokoll oberhalb der IP-Schicht implementiert wird. IP-Datagramme lassen sich, wie vom SG-MIX-Protokoll gefordert, unabhängig voneinander durch das Netz versenden.

Das SG-MIX-Protokoll kann aber auch in der Anwendungsschicht untergebracht werden und auf dem verbindungslosen UDP aufbauen. Bei UDP werden auch die Pakete unabhängig voneinander vermittelt und erreichen somit einen geringen Overhead, was auch zu einer zu IP vergleichbaren schnellen Übertragung führt.

In der Sicherheit gilt bei der Einordnung der Sicherheitsfunktionalität im Schichtenmodell das Prinzip, daß die Funktionalität so weit wie möglich in der tieferen Schicht eingebettet werden soll, um Vermittlungszentralen keine unnötigen Protokollinformation der höheren Schichten zugänglich zu machen (Datenvermeidung). Dies wäre hier die IP-Schicht (siehe für eine allgemeine Betrachtung zur Einordnung [Pfit90], S. 108 und [SFJ97]).

Paketlaufzeitschwankungen im Internet

Übertragungsverzögerungen im Internet schwanken im WAN-Bereich (Wide Area Networks) sehr stark. Die in [PaFl95] beschriebenen Messungen ergeben, daß die Laufzeiten einer Heavy-Tail-Verteilung folgen. Die in Tabelle 5-17 dargestellten Ergebnisse zeigen, daß die Ungenauigkeiten bei der Messung am stärksten durch die Schwankungen im sogenannten *Long Haul* Bereich zustande kommen. Z.B. schwankt die Laufzeit vom IEEE-Rechner in den USA zur RWTH Aachen zwischen 74 *ms* und über 240 *ms*. Will man in diesem Fall Paketverluste aufgrund zu knapp kalkulierter Zeitfenster vermeiden, so ergibt sich eine Mindestfenstergröße von 166 ms.

Rechner	Minimum (ms)	Modalwert (ms)	Median (ms)	Mittelwert (ms)	95%-Perzen. (ms)
Klinikum	0	4	4	4	6
Aachen	1	4	4	4	7
Karlsruhe	5	7	7	7	9
	5	8	8	8	11
Dresden	9	10	10	11	11
	9	11	11	11	13
USA (IEEE)	75	146	148	148	176
	74	113	123	151	240

Tabelle 5-17: Unidirektionale Paketlaufzeiten zu und von ausgewählten Rechnern (aus [FaRu96])

Zwar kann die obige Paketlaufzeitschwankung durch eine hohe mittlere Wartezeit im Server abgefangen werden, jedoch bietet es sich zur effizienten Nutzung des Verfahrens an, SG-MIXe nur im eingeschränkten Bereich auszuwählen, z.B. nur in sogenannten *Medium Range* Bereichen.

5.4.3 Die Zeitsynchronisation

Physikalische Uhren sind nicht perfekt und driften kontinuierlich von der „tatsächlichen Zeit" ab. Die „tatsächliche" Zeit ist international unter dem Namen *Coordinated Universal Time* (*UTC*) ein Standard, deren Messung auf Atomuhren mit einer Korrektureinrichtung basiert, die eine Genauigkeit von etwa 10^{-12} Sekunden pro Jahr haben.

Normale, im Rechner befindliche Uhren können natürlich nicht die UTC-Genauigkeit erreichen und ihre Qualität wird zusätzlich von äußeren Faktoren wie z.B. der Temperatur beeinflußt. Um eine bestimmte Abweichung zu UTC nicht zu überschreiten, verwendet man bei Computeruhren Zeitsynchronisationsmechanismen. Zwischen den Stationen werden hierbei Nachrichten mit Zeitstempeln ausgetauscht, um die Uhren zu justieren. Dabei treten wiederum Ungenauigkeiten auf, die durch variierende Übertragungsverzögerungen verursacht werden (siehe z.B. Internet-Paketlaufzeitschwankungen). Je größer die Übertragungsverzögerung ist, desto weniger genau können die Uhren synchronisiert werden.

Merkmale, die eine Uhr charakterisieren, sind:

- Zeitversatz (clock offset): Zwischen Uhr *i* und *j* wird der Zeitversatz berechnet durch $T_{ij}=T_i(t) - T_j(t)$, $T_{ii}=0$ und $T_{ij}= -T_{ji}$.
- Frequenzversatz (frequency skew): Der Frequenzversatz R(t) ist die erste Ableitung von T(t) mit $R_{ij}=R_i(t) - R_j(t)$, $R_{ii}=0$ und $R_{ij}= -R_{ji}$.
- Frequenzdrift (frequency drift): Der Frequenzdrift ist die zweite Ableitung von $T(t)$.

Bei der Zeitsynchronisation wird von korrekten Uhren ausgegangen. Korrekte Uhr bedeutet, daß die Länge eines Realzeitintervalls (t_0, t_1) von der Uhr mit einer maximalen Driftrate (Frequenzversatzrate) $\rho \cdot (t_0, t_1)$ gemessen wird. Heutige Computeruhren liegen hierbei in der Ordnung von $\rho=10^{-6}$ [Cris89]. Eine Driftrate von 10^{-5} bedeutet dabei, daß die Uhr den Zeitraum von einer Sekunde mit einer Ungenauigkeit von 10 µs mißt.

In SG-MIXen benötigt der Sender zur Berechnung der Zeitstempel die Synchronisationsgenauigkeit *syn*. Es existieren dafür folgende Zeitsynchronisationsmechanismen, die sich in zwei Klassen aufteilen lassen:

- *Externe Zeitsynchronisation*: Man versucht alle Uhren im System innerhalb einer gewissen Maximalabweichung von einer Zeitreferenz (Atomuhr) zu halten.
- *Interne Zeitsynchronisation*: Man versucht, alle Uhren einer zu synchronisierenden Gruppe innerhalb gewisser relativer Maximalabweichung zueinander zu halten.

Die logische Uhr bei einem internen Verfahren kann von der UTC beliebig abweichen, ohne daß das Verfahren dadurch gestört wird, da es hier ja nur wichtig ist, daß sich eine geschlossene Gruppe von Stationen einig ist. Tatsächlich wird hier vorausgesetzt, daß die beteiligten Rechner sich bis zu einem gewissen Grade kennen müssen [Sied97]. Dies ist auch der größte

Hinderungsgrund für den Einsatz der internen Verfahren bei den SG-MIXen, da sie ja speziell dafür konzipiert wurden, ein geschlossenes Gruppenverhalten aufzulösen.

Externe Zeitsynchronisation: Das Network Time Protocol

Das Network Time Protocol (NTP) wurde von David Mills entwickelt [Mill91]. Es erlaubt beliebigen Rechnern im Internet, sich auf UTC zu synchronisieren. Die erreichbare Genauigkeit hängt wie folgt von der Übertragungsrate der Infrastruktur ab:

- Typische Internet-Pfade: 10-50 ms Synchronisationsgenauigkeit.
- LANs oder schnelle WANs (> 1 Mbit/s): 1 ms Synchronisationsgenauigkeit.

In [Mill91] wird bei 99% der untersuchten Rechner eine Abweichung von weniger als 30 ms zu UTC beobachtet.

Bei NTP wird ein logisches Netz von Zeitservern definiert. Die Wurzel bilden die primären Zeitserver, die auch als *Stratum* 1-Rechner bezeichnet werden, die direkt an eine genaue Zeitquelle (z.B. Atomuhr) angeschlossen sind. Auf der nächsten logischen Ebene befinden sich die *Stratum* 2-Rechner. Diese beziehen ihre Zeitinformation von *Stratum* 1-Rechnern. Im weiteren synchronisiern sich *Stratum* i-Rechner mit *Stratum* $(i-1)$-Rechnern, wobei mit höherem *Stratum* auch die Zeitinformation ungenauer wird. Eine Besonderheit des logischen Zeitnetzwerks aus der Sicherheitsperspektive Verfügbarkeit ist, daß es selbstorganisierend ist. Auf jeder Station wird eine Liste von übergeordneten Zeitservern erstellt, die zur Synchronisation in Frage kommen. In der Liste stehen etwa zehn Zeitserveradressen, wovon jedoch nur zwei bis drei benutzt werden. Bei Ausfall einer Verbindung sind somit „genug" Ausweichpfade vorhanden.

Zur Schätzung des Zeitversatzes θ_{est} zwischen zwei Rechnern A und B ist eine Anfrage von A an B (Paketübermittlung) und eine Antwort von B an A nötig. Dazu wird eine NTP-Nachricht wie folgt gesendet (siehe Abbildung 5-18):

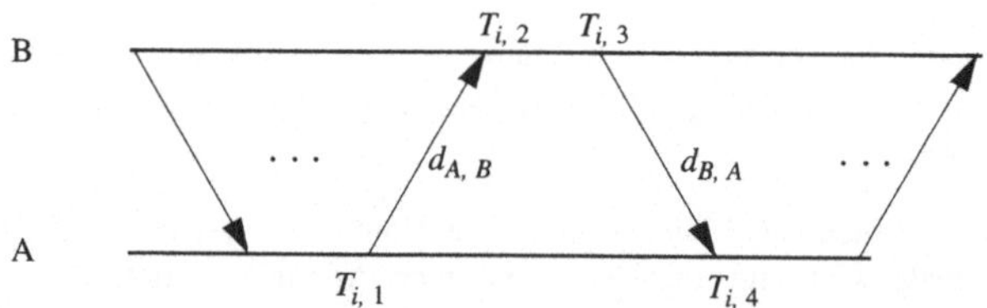

Abbildung 5-18: NTP-Nachtrichtenaustausch zur Bestimmung des Zeitversatzes

In jeder NTP-Nachricht befinden sich drei Zeitangaben: originate-, receive-, und transmit timestamp ($T_{i,1}$, $T_{i,2}$, $T_{i,3}$). Somit ergibt sich für die unidirektionale Paketverzögerung $d_{A,\,B} = T_{i,2} - T_{i,\,1}$ und $d_{B,\,A} = T_{i,4}, - T_{i,3}$, wobei $T_{i,4}$ ermittelt wird, sobald die Antwort des Servers bei A ankommt. Der Zeitversatz kann mit dieser Messung in folgender Weise abgeschätzt werden:

$$\theta_{est} = \frac{d_{A,B} - d_{B,A}}{2} + \theta_{A,B}$$

$\theta_{A,B}$ ist der tatsächliche Zeitversatz zwischen diesen beiden Knoten. Falls die Laufzeiten für Hin- und Rückweg gleich sind, dann ist eine exakte Bestimmung möglich. Jedoch ist dies nicht immer der Fall und somit liegt der wahre Wert in einem Intervall der Länge $\varepsilon = |d_{A,B} - d_{B,A}|$ um die folgende Schätzung:

$$\theta_{est} - \frac{\varepsilon}{2} \leq \theta_{A,B} \leq \theta_{est} + \frac{\varepsilon}{2}$$

Die Sender kennen die unidirektionale Paketverzögerungen $d_{A,B}$ und $d_{B,A}$ nicht und müssen hierfür eine Abschätzung verwenden. Hier gilt: Je konstanter die Laufzeiten, desto genauer kann die Bestimmung erfolgen.

NTP setzt beim Nachrichtenaustausch auf dem verbindungslosen User Datagram Protocol (UDP) auf. Die Synchronisation erfolgt dadurch recht genau, da durch den geringen Overhead gegenüber den anderen Protokollen eine vergleichsweise schnelle Übertragung möglich ist. Es werden in regelmäßigen Abständen Synchronisationsnachrichten zwischen dem zu synchronisierenden Rechner und verschiedenen Servern ausgetauscht. Die übermittelten Zeitdaten werden von verschiedenen NTP-Algorithmen ausgewertet. Einige der Algorithmen und ihre Funktionalitäten sind:

- *Peer Selection*: Feststellung der Server, die eine bzgl. der Geschwindigkeit stabile Uhrzeit übermitteln.
- *Intersection*: Bestimmung der falsch gehenden Uhren (Falsetickers) und Aussortierung derselben.
- *Clustering*: Bestimmung der Server mit den geringsten Synchronisationsfehlern.
- *Combining*: Bestimmung der Zeitserver, die eine Fehlerschranke nicht überschreiten.
- *Loop-Filter*: Bestimmung des Frequenzdrifts.

Für eine genaue Beschreibung der einzelnen Algorithmen siehe [Mill91].

Anwendbarkeit für SG-MIX

Ein Vorteil von NTP besteht in der Verfügbarkeit des Verfahrens, da es auch im Internet recht verbreitet ist. Das Protokoll ist als freie Software verfügbar und leicht installierbar.

Ein Nachteil von NTP besteht darin, daß ein Angriff auf die Synchronisationsnachrichten existiert. Sie könnten vom omnipräsenten Angreifer gefälscht werden, da die UDP-Datagramme unverschlüsselt übertragen werden. Der Einsatz von Verschlüsselung ist somit hier eine absolute Notwendigkeit, wenn NTP für die SG-MIXe angewendet werden soll.

NTP kann von den SG-MIX-Stationen mit entsprechender Erweiterung für verschlüsselte Datagramme ohne weiteres verwendet werden. Für die Endteilnehmer ist der Einsatz dieses Verfahrens ohne jegliche Erweiterung jedoch nicht möglich, da sich eine hinreichende Synchronisationsgenauigkeit zu UTC erst nach langer Zeit (mehrere Tage) einstellt [Sied97].

Vom unterliegenden Netz unabhängige Verfahren: Funkuhren, Verfahren von Levine

Die Nutzung von Funkuhren ist eine sehr interessante Möglichkeit für die Endteilnehmer und SG-MIXe zur Zeitsynchronisation mit UTC. Zur Auswahl stehen hier

- Global Positioning System (GPS): Das US-Verteidigungsministerium sendet seit 1973 global aus einem satellitengestützten Navigationssystem Informationen, die zur Zeit- sowie Positionsbestimmung genutzt werden können. In Abhängigkeit von der Qualität der Empfänger kann eine Synchronisation zu UTC zwischen 100 *ns* – 349 *ns* erreicht werden. Entsprechende Empfänger kosten zwischen 500 \$ – 40. 000 \$ [Dana96].
- DCF77-Signal: Die Physikalisch-Technische Bundesanstalt (PTB) sendet seit 1978 von einem Langwellensender in Mainflingen, in der Nähe von Frankfurt am Main, Zeitsignale, die eine Genauigkeit von 2 *ms* zu UTC im Umkreis von einigen Hundert Kilometern erreichen [Hopf97].

Für SG-MIXe ist der Einsatz von preiswerten Empfängern völlig ausreichend. Für private Nutzer stellt das DCF77-Signal eine gute Alternative zu GPS dar. Für SG-MIX-Stationen ist aber auch ein 500-\$-GPS-Empfänger völlig ausreichend. Vom Standpunkt der Sicherheit hat die Verwendung von Radiosignalen den zusätzlichen Vorteil, daß ein Angreifer die Verteilung der Information nur schwer verhindern bzw. verfälschen kann.

Verfahren von Levine: Synchronisation über Telefon

Das Verfahren von Levine [Levi95] zeichnet sich dadurch aus, daß es eine hohe Genauigkeit von 1-2 ms bzgl. UTC erreichen kann. Dazu werden periodische Zeitkorrekturen benötigt, die über eine normale Telefonleitung von speziellen Rechnern (automated computer time service (ACTS)) empfangen werden. Der komplexe Algorithmus soll hier nicht ausgeführt werden (siehe [Levi95]).

Das Verfahren von Levine kann ohne große Veränderungen für die SG-MIXe verwendet werden. Der einzige Nachteil des Verfahrens ist, daß bei ungünstigen Umständen ein häufiges Nachstellen (*Adjustment*) notwendig ist. So muß z.B. in solch einem ungünstigen Fall alle 1000 s ein Telefongespräch zum ACTS-System aufgebaut werden [Sied97].

5.4.4 Mikroskopische Simulation

Die Simulation des SG-MIX-Verfahrens wurde durch das ereignisgesteuerte Simulationsprogramm OPNET (*Optimized Network Engineering Tool*) vorgenommen [Sied97]. OPNET ist ein umfassendes Entwicklungssystem, das folgende Möglichkeiten bietet [BCL93, LaMc94]:

- Detaillierte Protokollmodellierung,
- Werkzeuge zur Leistungsanalyse und
- Präsentation der Simulation (insbesondere Animation).

Protokollmodellierung

Die Protokollmodellierung bei OPNET erfolgt hierarchisch und modular. Verschiedene Hierarchieebenen haben dabei auch eine unterschiedliche Abstraktionsstufe. Es sind folgende Abstraktionsebenen von „oben nach unten" definiert:

- *Netz*: beinhaltet *Knoten* und *Links*, wobei die *Links* lediglich durch Parameter wie Übertragungskapazität oder Bitfehlerrate charakterisiert werden.

- *Knoten*: besteht aus sogenannten Prozessen, die über Steuer- und Datenleitungen miteinander verbunden sind.

- *Prozesse*: enthalten *Zustandsautomaten*, durch welche die Protokollmechanismen modelliert werden (Protokollautomaten).

- *Zustandsautomat*: beinhaltet die Spezifikation in C-Syntax, die alle Aktionen und Zustandsinformationen festlegen.

Durch den modularen Aufbau auf jeder Ebene können die einzelnen Module separat bearbeitet und beliebig kombiniert werden. Insbesondere kann ein einmal entwickeltes Modell (z.B. das IP-Protokoll) ohne Modifikationen in diversen Umgebungen verwendet werden (z.B. Ethernet oder ATM). OPNET enthält eine Anzahl vordefinierter Module wie X.25, IP und TCP etc.

Simulationsmodell SG-MIX

Das Simulationsmodell für SG-MIXe wurde auf der Basis der vordefinierten Ethernet- und IP-Module entwickelt. Dazu mußten die Module um die SG-MIX-Funktionalität erweitert werden. Es wurden folgende Erweiterungen erstellt:

- Modellierung von Paketverzögerungen im Internet durch Phasenverteilungen [Rula96],
- in jedem Knoten des Meßnetzes läuft eine lokale Uhr, die periodisch justiert wird,
- Verschlüsselungs- und Entschlüsselungsmodule,
- Lokale Datenbank in den Routern zur Replay-Erkennung,
- Zeitstempelüberprüfung und Verzögerung in Cache-Datenbanken,

• Last-Generierung, etc.

Die Topologie, die für die Untersuchung verwendet wurde, ist in Abbildung 5-19 schematisch als Netz (Netzebene) zu sehen: *Host A* sendet anonym Pakete zu *Host B* und nutzt dabei SG-MIX-Stationen, die durch einen SG-MIX dargestellt werden. Der SG-MIX verfügt über eine Rückkopplung l_del3, so daß die Anzahl der besuchten Stationen beliebig erhöht werden kann.

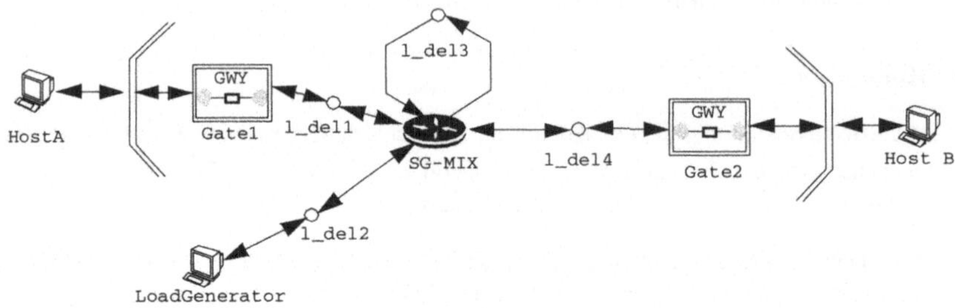

Abbildung 5-19: Topologie des Meßnetzes

Das Internet-Modell für die Internet-Links beruht auf den in [FKK96a] und [Rula96] vorgestellten Ergebnissen. Die Paketverzögerungen im WAN-Bereich wurden dabei mit Hilfe von Hypoexponentialverteilungen mit zwei Phasen modelliert. Die entsprechenden Parameter wurden aus Messungen entnommen.

Zur Generierung und Überprüfung der Zeitstempel läuft in jedem Knoten des Meßnetzes eine lokale Uhr. Die Simulationszeit dient als externe Referenzzeit. Die Uhren werden in periodischen Abständen justiert (alle 4 s). Jede Uhr kann hier unterschiedliche Werte für Offset und Driftrate in Bezug auf die Referenzzeit besitzen.

Das Modell des Senders

Das Modell des Senders ist in Abbildung 5-20 zu sehen (Knoten-Ebene). Um ein weitgehend realitätsnahes Endsystem-Modell zu erhalten, werden alle notwendigen Prozesse einer SG-MIX-Station nachgebildet. Es besteht aus den folgenden Modulen:

• clock: lokale Uhr.

• application: Übernimmt die Aufgabe eines idealen Paketgenerators und erzeugt Pakete für das Transport-Modul.

• transport: Generiert Sicherheitslatenzen für die Pakete und führt die Flußkontrolle durch (übernimmt ähnliche Aufgaben wie das TCP-Modell).

- NDM-encap: Baut auf dem Standard-Modul IP_encap des OPNET-Tools auf. Es fügt jedem Datenpaket die notwendige Anzahl von Headern hinzu, generiert die entsprechenden Zeitstempel und fügt schließlich einen IP-Header an.

- network: Schnittstelle zu Ethernet-Protokollen.

- mac, bus_rx, bus_tx und defer: OPNET-Modelle, die eine Schnittstelle zum Ethernet bilden. bus_rx und bus_tx senden und empfangen Ethernet Frames. mac realisiert das CSMA/CD-Medienzugriffsverfahren und defer verwendet den binary-exponential-Algorithmus (siehe dazu [Tane96], Seite 282).

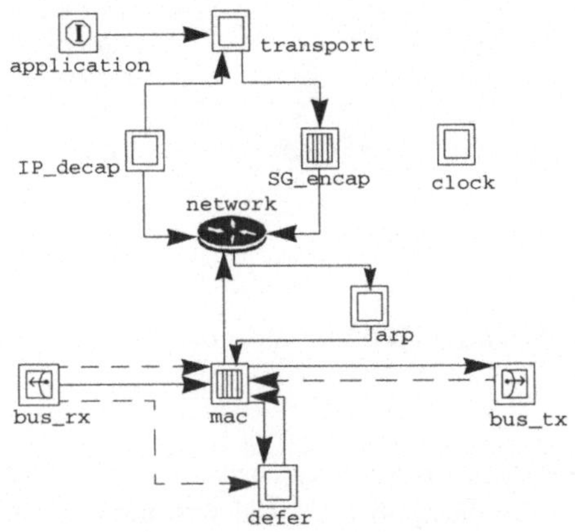

Abbildung 5-20: OPNET-Modell des Senders

Das Modell des Delayers: SG-MIX-Station

Das Modell der SG-MIX-Station (Abbildung 5-21) implementiert im wesentlichen die in der Abbildung 5-15 spezifizierte Architektur einer SG-MIX-Station. Die Parameter werden hier entsprechend dem Anwendungsszenario Internet gewählt (z.B. siehe Tabelle 5-17). Die einzelnen Module haben die folgende Funktionalität:

- clock: lokale Uhr.

- SG-decap[1]: Dieses Entschlüsselungsmodul prüft nach Empfang eines Paketes anhand des Zeitstempels und der lokalen Datenbank cache auf Blocking- und Replay-Angriffe.

- cache: Speichert Pakete und löscht sie nach Ablauf des Zeitfensters.

- delayer: Ein akzeptiertes Paket wird an das delay-Modul übergeben und dort gemäß der vorgegebenen Latenzzeit verzögert.

---

1. Um die Simulation zu beschleunigen, wurde die Verschlüsselungsfunktionalität während der Simulation abgeschaltet.

- dummy_gen: Im Falle des Leerlaufens der SG-MIX-Station werden von diesem Modul Scheinnachrichten generiert. Dieser Fall trat jedoch in keiner Meßreihe auf.

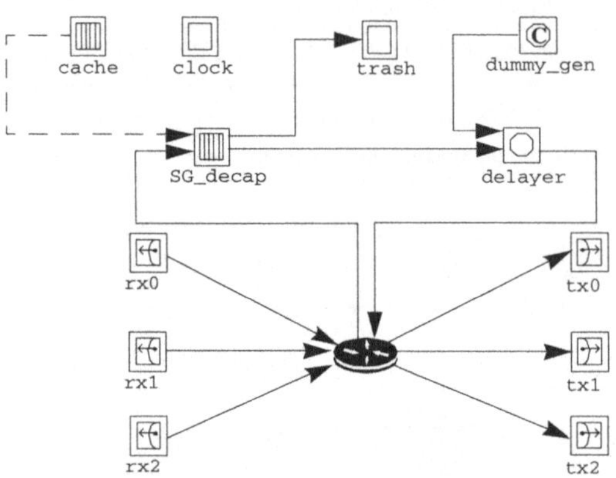

Abbildung 5-21: OPNET-Modell der SG-MIX-Station

Simulation

Auf der Basis der obigen Modellierung wurden simulative Untersuchungen verschiedener Szenarien (Long-Haul-, Medium-Range-Bereich) und verschiedener Algorithmen (Knoten-zu-Knoten-Quittierung, Ende-zu-Ende-Quittierung) durchgeführt. Die betrachteten Leistungsparameter waren Ende-zu-Ende-Verzögerung, Durchsatz und die Zeit, die für eine Blocking-Attack benötigt wird [Sied97]. Im folgenden werden nur für den favorisierten Medium-Bereich die wichtigsten Simulationsergebnisse vorgestellt.

Bei der Simulation wurden den Sendern 50 SG-MIX-Stationen zur Auswahl gestellt, die prinzipiell alle parallel (gleichzeitig) benutzt werden konnten. Die Anzahl der SG-MIX-Stationen, die in einer Kette benutzt wurden, betrug 1, 2, 3 oder 5. In den Simulationen wurden die Konfidenzintervalle zu den gemessenen Mittelwerten bei einem Konfidenzlevel von 95% ermittelt. Da die Konfidenzintervalle sehr klein ausfallen, sind sie in den meisten Abbildungen kaum erkennbar. Für die Messungen wurden die in der Tabelle 5-22 aufgeführten Parameter verwendet.

Benötigte Zeit für Blocking Angriffe

Im Kapitel 5.3.2 wurde der Blocking Angriff als der aktive Angriff auf die SG-MIXe eingeführt. In der Simulation wurde die Zeit Δt, die für einen Blocking Angriff benötigt wird, simulativ für verschiedene Sicherheitslatenzen μ ermittelt (siehe Abbildung 5-23). Bei der Simulation wurde ein festes Sicherheitsniveau $\lambda/\mu \geq 20$ gemäß Tabelle 5-22 eingehalten.

Parameter	Wert
Bedienrate für Verschlüsselung	100 Pakete/s
Bedienrate SG-MIX-Station	200 Pakete/s
Sicherheitsparameter μ	$\lambda/\mu \geq 20$

Tabelle 5-22: Parameterbelegung

Die Simulationen zeigen, daß die Sicherheitslatenz μ umgekehrt proportional zu Δt ist. Dieses Ergebnis bestätigt die Formel 5.7, wenn diese nach Δt gelöst wird.

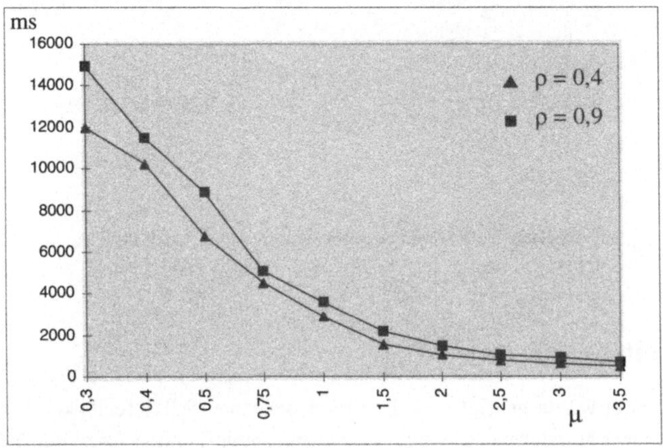

Abbildung 5-23: Entleerungszeiten der SG-MIX-Station bei Blocking-Attack

Ende-zu-Ende Verzögerung

In der Abbildung 5-24 sind die Ende-zu-Ende-Verzögerungen aufgezeichnet. Es fällt auf, daß die SG-MIXe einen ähnlichen Kurvenverlauf aufweisen wie die Chaumschen MIXe (vergl. mit Abbildung 5-6 auf Seite 75). Der Grund dafür ist, daß wie bei den MIXen auch hier eine Anonymitätsmenge gebildet werden muß. Statt des expliziten Sammelns warten hier die

Pakete im Durchschnitt auf 20 weitere Pakete, bis sie weitergesendet werden. Liegt eine kleine Last vor, so müssen die entsprechenden Pakete im Durchschnitt länger verzögert werden.

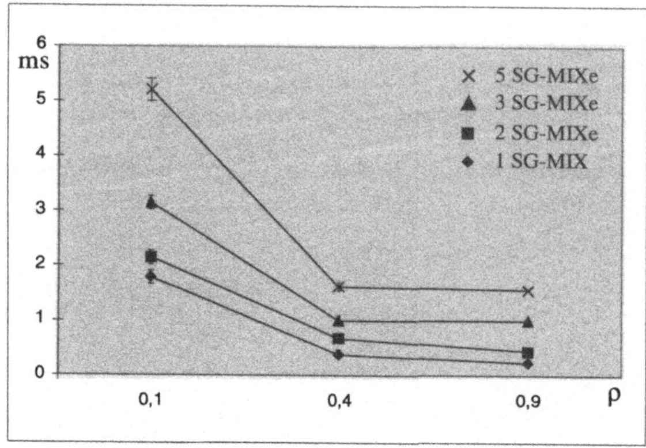

Abbildung 5-24: Ende-zu-Ende-Verzögerung (Medium Range)

5.5 Fazit

In diesem Kapitel wurde gezeigt, daß die bisher bekannten MIX-Techniken für eine offene Umgebung keinen hinreichenden Schutz gegen den omnipräsenten Angreifer bieten können. Aus diesem Grund wurde eine schwächere Schutzanforderung (probabilistischer Schutz) eingeführt. Eine neue MIX-Technik, die sogenannten SG-MIXe, wurden vorgeschlagen. SG-MIXe bilden die Anonymitätsmenge nicht statisch, sondern statistisch. Es wurde zuerst, abstrahierend von einer konkreten Umsetzung, bewiesen, daß die SG-MIXe unter einigen getroffenen Annahmen einen probabilistischen Schutz gewährleisten. Es wurde im weiteren gezeigt, daß die für den Beweis getroffenen Annahmen durchaus mit der heutigen Technik realisierbar sind. Um die Anwendbarkeit der SG-MIXe zu demonstrieren, wurde mit Hilfe von OPNET ein Simulationsmodell für das Internet vorgestellt, das eine mikroskopische Simulation ermöglicht. Es wurden die wichtigsten Ergebnisse dieser Untersuchung vorgestellt.

Es ist festzuhalten, daß die vorgestellte Lösung SG-MIXe keine Echtzeitkommunikation unterstützen kann. Echtzeitkommunikation ist jedoch in geschlossenen Umgebungen sogar perfekt möglich (siehe [PPW91]). In offenen Umgebungen sind nur Lösungen für den praktischen Schutz bekannt (siehe z.B. [FKK96a]). Es ist eine offene Frage, ob anonyme Echtzeitkommunikation innerhalb der probabilistischen Schutzklasse existiert.

KAPITEL 6

Praktische Anonymität und offene Umgebungen

In vielen Anwendungen in offenen Umgebungen ist der Angreifer nicht omnipräsent. Die Gründe dafür sind vielfältig. Es kann sich um lokale Anwendungen handeln, die global keine Bedeutung haben, oder es sind einfach die nötigen, flächendeckenden Ressourcen nicht vorhanden. Das Modell eines *teilweise präsenten Angreifers* ist für die offene Umgebung somit der praxisnähere Ansatz.

Es existieren für die offene Umgebung mehrere Vorschläge aus der Literatur [GüTs96, ReRu97, GRS96, FKK96a, etc.], die einen gewissen Schutz vor Beobachtung durch den teilweise präsenten Angreifer bieten. Die Bewertung nach den bekannten Methoden kann hier jedoch nicht angewandt werden, da die Verfahren gegenüber dem omnipräsenten Angreifermodell beweisbar keinen Schutz bieten. Die Verfahren werden deshalb nur insofern bewertet, als der gewährleistete Schutz mit Plausibilitätsgründen[1] untermauert wird (siehe z.B. Babel-MIXe, Seite 78).

In diesem Kapitel wird ein Bewertungsvorschlag für diese Verfahren gemacht, der auf der Stochastik und der Warteschlangentheorie basiert. Es werden insbesondere Verfahren bewertet, die auf dem MIX-Konzept beruhen. Für eine nähere Betrachtung der praktischen Anonymität siehe [Egne97].

Die betrachteten Verfahren nutzen im Prinzip nur Teilfunktionalitäten des MIX-Verfahrens[2] (siehe NDM [FKK96b], Onion-Routing [SGR97]). Die Bewertung dieser Verfahren ermöglicht neben der Sicherheitsbewertung als solcher auch eine Einsicht in den „Sicherheitsbeitrag" der Einzelkomponenten des MIX-Verfahrens. Dadurch werden folgende praxisrelevante Fragen erörtert:

- Wieviele Zwischenknoten sollten bei einem MIX-Verfahren ausgewählt werden?

---

1. Dem Autor sind keine anderen Sicherheitsbewertungen bekannt.
2. Außer [ReRu97].

- Wie groß muß die Stapelgröße bei einem konventionellen MIX gewählt werden?

- Wie groß muß die Poolgröße beim Mixmaster gewählt werden?

- Wie groß ist der Sicherheitsgewinn, wenn man vom Stapelbetrieb zum Poolbetrieb übergeht?

Die Fähigkeiten des Angreifers können hier stark variieren. Ein aktiver Angreifer, der nur einen gewissen Prozentsatz des Netzes beherrscht, gehört ebenso zur Klasse der teilweise präsenten Angreifer, wie ein Angreifer, der zwar alle Links abhören, aber dafür keine (oder nur sehr wenige) Vermittlungseinheiten korrumpieren kann. Einige Verfahren sind gegenüber einem speziellen Typ von Angreifer sicher, gegen die anderen bieten sie jedoch keinen Schutz. Deshalb ist hier prinzipiell keine Ordnung der Verfahren nach der Ordnung der Angreifermodelle möglich. Es kann lediglich eine Halbordnung angegeben werden.

6.1   Non-Disclosing Method (NDM)

Da der Angreifer nicht alle Leitungen und somit alle Netzknoten kontrollieren kann, verlagert die NDM-Methode die Aufgabe der „Verschleierung" vom Zwischenknoten in das Netz selbst. Das Ziel beim NDM-Verfahren ist es, die vom Angreifer nicht beherrschten Wegabschnitte mittels einer rudimentären MIX-Technik zu nutzen (siehe [FKK96a, FKK96b]).

6.1.1   Das Verfahren

Es wird angenommen, daß eine große Anzahl von unabhängigen NDM-Zwischenknoten, genannt Security Agents (SA), im Netz verteilt ist. Ein Sender wählt unabhängig und zufällig eine Anzahl von SAs aus (z.B. $SA_1 \rightarrow SA_2 \rightarrow ... \rightarrow SA_k$). Er verschlüsselt das zu sendende Paket mit den entsprechenden öffentlichen Schlüsseln der SAs, so daß ein Angreifer das Paket nicht über das Aussehen (Bitmuster, Länge) beobachten kann (siehe Verschlüsselung bei MIX-Netz, Seite 72)

<u>Senderprotokoll</u>

- Sender A wählt zufällig eine Anzahl von SAs.

- A bereitet das zu versendende Paket gemäß der MIX-Netz-Technik vor.

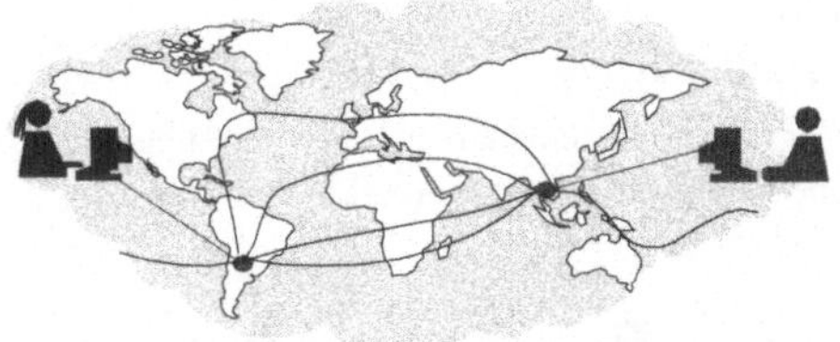

Abbildung 6-1: Es existieren viele Wege zwischen Sender und Empfänger. Die NDM-Methode geht davon aus, daß nicht alle vom Angreifer beherrscht werden.

<u>SA-Protokoll</u>

- SA_i entschlüsselt mit d_i den ersten Block und entnimmt den geheimen Schlüssel k_i und die Folgeadresse SA_{i+1}. SA_i überprüft auf Replay-Angriff (Seite 55), entschlüsselt alle Blöcke mit k_i, generiert einen Dummy-Block und hängt ihn an das Ende der Blöcke. Das Paket wird direkt weiterversendet.

Im Orginalvorschlag [FKK96a], [FKK96b] wurde eine Verfolgbarkeit über die Nachrichten-länge vernachlässigt und das Paket nach der Formel 4.3 (Seite 58) gebildet. Es wurde weiterhin auf eine Replay-Angriff-Erkennung verzichtet und bei der Verschlüsselung nicht auf Indeter-minismus geachtet. Ohne diese Techniken ist die Sicherheit des Verfahrens jedoch erheblich beeinträchtigt[1], deshalb sollen sie hier nachträglich hinzugefügt werden.

6.1.2 Die Sicherheit

Die Sicherheit des Verfahrens hängt stark davon ab, wie mächtig der Angreifer ist, d.h. wie-viele Zwischenknoten er beherrscht. Für die Bewertung des Verfahrens werden die folgenden Annahmen gemacht:

1. Die Teilnehmer wählen für jede Nachricht n Zwischenknoten (SA_1, ..., SA_n) unabhän-gig und zufällig aus der Gesamtmenge der zur Verfügung stehenden N Zwischenkno-ten aus.

2. Sender und Empfänger einer speziell betrachteten Nachricht werden vom Angreifer abgehört.

3. Die Netzlast zu einer betrachteten Zeit ist so groß, daß mehrere Nachrichten sich im Netz befinden, so daß eine direkte Zuordnung aufgrund der Sende- und Empfangszeit-punkte in den Endpunkten der Kette nicht gegeben ist.

4. Der Angreifer beherrscht M von insgesamt N verfügbaren SAs.

---

1. Die einfache Implementierung wird dadurch erschwert.

5. Die Wahrscheinlichkeit für die Auswahl einer korrupten Zwischenstation ist somit gegeben durch:

   $p=M/N$ und $0 < p < 1$.

6. Eine Zwischenstation wird als korrupt oder beherrscht angesehen, wenn die Zwischenstation mit dem Angreifer zusammenarbeitet *oder* alle Leitungen zur Zwischenstation vom Angreifer beherrscht werden (siehe Abbildung 6-2).

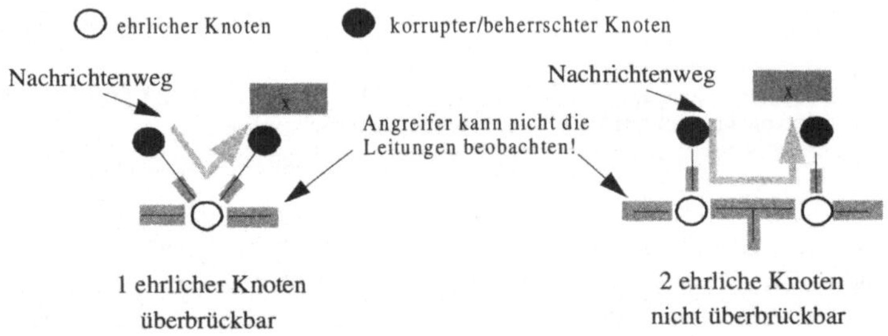

Abbildung 6-2: Festlegung von Strukturen, die einen Schutz gewährleisten.

7. N und M sind hinreichend groß, z.B. $N > 1000$ und $N\text{-}M > 100$.

Die Begründung dafür, daß eine Zwischenstation SA_i als korrupt angesehen werden muß, wenn SA_{i-1} und SA_{i+1} korrupt sind, wird durch den folgenden Angriff gegeben:

Es wird angenommen, daß die Sendung über einen ehrlichen Knoten nur einen einzigen Zeittakt benötigt. Der Angreifer kann somit die Nachrichten $SA_{i-1} \rightarrow SA_i$ und $SA_i \rightarrow SA_{i+1}$ einfach anhand ihrer Adressen zeitlich korrelieren[1].

Die Begründung für den „sicheren" Fall, daß zwei ehrliche Stationen hintereinander einen Schutz gegen Beobachtungen leisten, wenn zwischen ihnen eine „sichere" Verbindung existiert, ist aus der folgenden Überlegung ersichtlich:

Der Angreifer kann hier nur beobachten, daß eine Nachricht von SA_{i-1} gesendet wird und von SA_{i+2} empfangen wird. Der zeitliche Abstand zwischen der Sendung und Empfang sind mindestens zwei Zeiteinheiten (Zeittakte) lang. Aufgrund der Annahme 3 (siehe oben) ist genügend Last auf dem gesamten Netz vorhanden, so daß die empfangene Nachricht „irgendwoher" gekommen sein kann.

---

1. Es wird angenommen, daß SA_i unter geringer Last steht und die Nachricht direkt weitersendet. Weiterhin wird die Wahrscheinlichkeit vernachlässigt, daß im gleichen Zeittakt eine andere Nachricht von „igendwoher" an SA_{i+1} gesendet wird.

Bewertung

Die Bewertung des Verfahrens erfolgt hier durch die Ermittlung der Erfolgswahrscheinlichkeit des Angreifers. Dazu muß bei einer Wahl von n Stationen die Wahrscheinlichkeit berechnet werden, daß nicht zwei ehrliche Stationen hintereinander in Folge vorkommen. Sei diese Wahrscheinlichkeit durch a_n gegeben. Offensichtlich sind $a_0 = a_1 = 1$, d.h. der Angreifer hat bei $n=0$ und $n=1$ immer Erfolg. Für $n>1$ gilt:

Satz 6.1: *Vorausgesetzt werden die obigen Annahmen. Ein auf Umkodieren von Nachrichten basierendes, anonymitätserzeugendes System ist bei einer Wahl von n>1 Zwischenstationen mit der folgenden Wahrscheinlichkeit unsicher gegen einen teilweise präsenten Angreifer:*

$$a_n = pa_{n-1} + p(1-p)a_{n-2}$$

Beweis:

Für den Beweis[1] des Satzes betrachte man die folgenden vier Fälle, die für die letzten zwei[2] Zwischenstationen in der Kette der ausgewählten Knoten möglich sind:

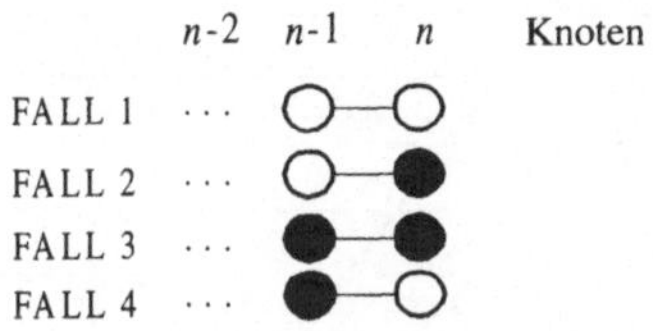

Abbildung 6-3: Rekursive Struktur bei Wahl von n Knoten

Im Fall 1 hat der Angreifer keinen Erfolg. Es müssen somit nur noch die anderen Fälle berücksichtigt werden. Fall 2 und Fall 3 sind bezüglich des Knotens n-1 dual und des Knotens n gleich zueinander. Die beiden Fälle können aus der „Perspektive" des Knotens n zusammengefaßt und somit die Rekursionsebene um eins erhöht werden. Es gilt: Wenn unter den ersten $n-1$ Zwischenknoten keine zwei ehrlichen in Folge vorkommen, dann hat der Angreifer Erfolg. Bei Fall 4 dürfen unter den ersten n-2 Zwischenstationen keine zwei ehrlichen hintereinander kommen. Somit gilt:

$$a_n = (P(Fall\ 2) + P(Fall\ 3)) \cdot a_{n-1} + P(Fall\ 4) \cdot a_{n-2}.$$

Bestimmt man die Wahrscheinlichkeiten für die vier Fälle: $P(Fall\ 2) = P(Fall\ 4) = p(1-p)$ und $P(Fall\ 3) = p \cdot p$, so folgt insgesamt die Behauptung. ♦

---

1. Hinweis: Suche nach einer rekursiven Struktur, die in den vier Fällen (siehe Abbildung 6-3) vorhanden ist.

2. Es müssen zwei aufeinanderfolgende Stationen betrachtet werden, da sie in ihrer Kombination über Sicherheit oder Unsicherheit entscheiden.

Löst man die Rekursionsformel (siehe die Lösung für die Fibonacci-Folge [Knut73]), dann erhält man die folgende geschlossene Form:

$$a_n = \frac{1}{2pw}((w+1)\cdot\phi^{n+1} + (w-1)\cdot(p-\phi)^{n+1})$$

mit

$$w = \sqrt{\frac{4}{p}-3} \qquad und \qquad \phi = \frac{2(1-p)}{w-1}$$

Abbildung 6-4 zeigt graphisch die Erfolgswahrscheinlichkeit eines Angriffs bei Wahl von n Zwischenstationen mit unterschiedlichen Korruptheitsgrad p.

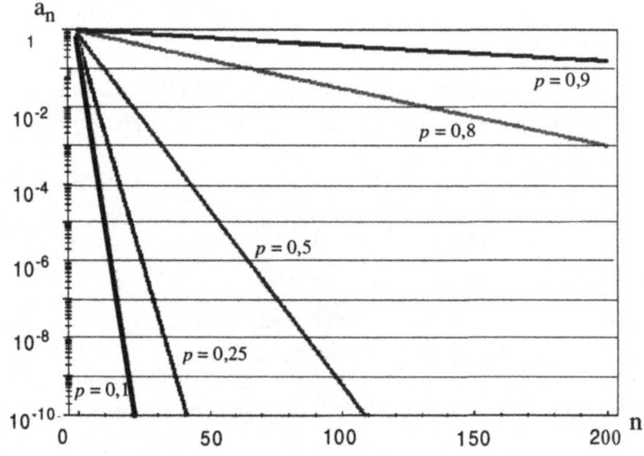

Abbildung 6-4: Erfolgswahrscheinlichkeit eines Angriffs

Die NDM-Methode kann erfolgreich eingesetzt werden, wenn der Angreifer weniger als 25% des Netzes beherrscht. Bei einem globalen Netz kann man aus den folgenden Tatsachen davon ausgehen, daß dies erfüllt ist:

• Die Anzahl der Zwischenstationen ist sehr hoch.

• Die Menge der zu beobachtenden und in Echtzeit auszuwertenden Daten ist sehr groß.

Es ist hervorzuheben, daß die NDM-Methode durch eine *M/M/*1 Warteschlange modelliert werden kann und für die Echtzeitkommunikation geeignet ist.

6.2 MIX

In der bisherigen Literatur [Chau81, Pfit90, etc.] wird die Anforderung gestellt, daß von genügend vielen Teilnehmern genügend viele Pakete gesammelt werden sollen. „Wieviel ist genügend?" Diese Frage soll hier untersucht werden.

6.2.1 Der Angreifer

Der Angreifer beobachtet alle Ein- und Ausgänge einer MIX-Station und kann beliebig viele Nachrichten selbst einspielen, ohne Pakete zu blockieren. Angenommen wird hier, daß der Angreifer mit einer Rate von λ_A Pakete in den MIX einspielen kann.

6.2.2 Die Sicherheit

Ein MIX liefert dann keinen Schutz, wenn von den n gesammelten Nachrichten n-1 vom Angreifer stammen. Ein erfolgreiches Angriffsszenario sieht dann folgendermaßen aus:

Ein Angreifer sendet nach der Ausgabe eines Stapels mit der maximalen Rate λ_A Pakete an die MIX-Station (deterministische Ankunftsquelle). Wenn in dieser Sendezeit ein Paket von einem „ehrlichen" Sender zu der MIX-Station gesendet wird, so sendet der Angreifer so lange, bis die MIX-Station den gesammelten Stapel ausgibt. Sonst stoppt der Angreifer nach der Sendung des n-1-ten Pakets.

Der obige Angriff ist also erfolgreich, wenn im betrachteten Intervall der Länge[1]

$$t_A = \frac{n-1}{\lambda_A}$$

nicht mehr als eine echte Nachricht eintrifft. Da im offenen System die „echten" Nachrichten gemäß einem Poisson-Prozeß ankommen, beträgt die Wahrscheinlichkeit für einen erfolgreichen Angriff

$$P(N(t_A) \leq 1) = (1 + \lambda t_A)e^{-\lambda t_A} = \left(1 + (n-1)\frac{\lambda}{\lambda_A}\right)e^{-(n-1)\frac{\lambda}{\lambda_A}}$$

---

1. Da λ_A von einer deterministischen Ankunftsquelle erzeugt wird, ist die Angriffszeit konstant.

In Abhängigkeit von λ, λ_A und dem Sicherheitsbedürfnis der Nutzer kann im offenen System die Stapelgröße bestimmt werden. In Abbildung 6-5 ist die Erfolgswahrscheinlichkeit des Angreifers in Abhängigkeit von der Stapelgröße abgebildet.

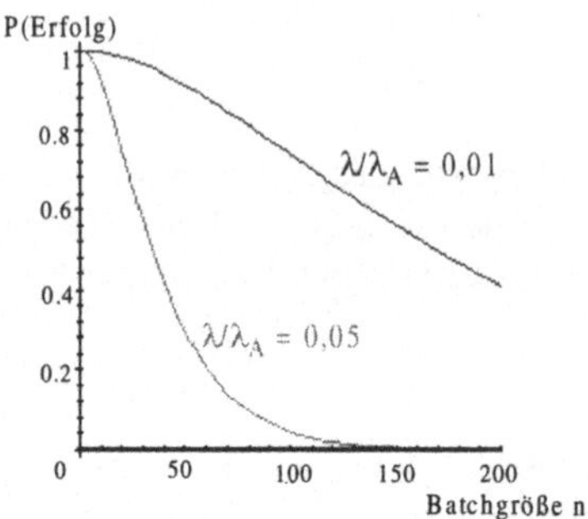

Abbildung 6-5: Wahrscheinlichkeit eines erfolgreichen Angriffs

6.3 MIXmaster

Um die Erfolgswahrscheinlichkeit eines Angriffs auf einen MIXmaster zu bestimmen, wird der gleiche Angreifer wie beim einfachen MIX herangezogen.

6.3.1 Die Sicherheit

Für einen erfolgreichen Angriff muß der Angreifer zunächst den MIXmaster-Knoten beherrschen, d.h. es muß gewährleistet sein, daß alle im MIXmaster befindlichen Pakete vom Angreifer stammen. Wenn in dieser Situation ein Paket von einem ehrlichen Teilnehmer kommt, muß der Angreifer so lange mit der Rate λ_A Pakete einspielen, bis das Paket des ehrlichen Teilnehmers ausgegeben wird. Der Angreifer benötigt für einen erfolgreichen Angriff wieder nur das deterministische Senden von Paketen mit der Rate λ_A.

Phase I: Wahrscheinlichkeit für das Füllen eines Pools

Betrachtet wird eine MIXmaster-Station zu einem beliebigen Zeitpunkt. Befinden sich n Pakete im MIXmaster, dann ist im Gleichgewichtsfall jedes Paket unabhängig[1] voneinander mit der Wahrscheinlichkeit

---

1. Das Angreifermodell ist so gewählt, daß die Pakete unabhängig voneinander sind: Der Angreifer soll immer mit der maximalen Rate senden (deterministische Ankunftsquelle).

$$p = \frac{\lambda}{\lambda + \lambda_A}$$

ein „echtes" Paket. Die Anzahl „echter" Pakete ist somit binomialverteilt mit den Parametern n und p. Somit ist die Wahrscheinlichkeit für das erfolgreiche Füllen (Beherrschen des Knotens) gegeben durch:

$$p_F = \left(1 - \frac{\lambda}{\lambda + \lambda_A}\right)^n = \left(\frac{\lambda_A}{\lambda + \lambda_A}\right)^n$$

Durch Anwendung des PASTA-Prinzips (siehe [Have98]) folgt, daß diese Wahrscheinlichkeit auch für die Ankunftszeiten von echten Nachrichten gültig ist.

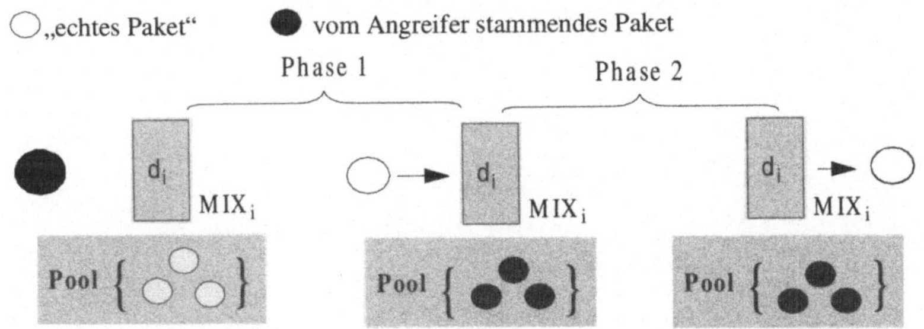

Abbildung 6-6: Angriff auf MIXmaster

Phase II: Wahrscheinlichkeit für den erfolgreichen Gesamtangriff

In der zweiten Phase befinden sich im MIXmaster ausschließlich Pakete vom Angreifer und ein echtes Paket trifft ein (siehe Abbildung 6-6). Der Angreifer muß in dieser Phase so viele eigene Pakete einspeisen, daß bevor ein weiteres echtes Paket ankommt, das beobachtete Paket vom MIXmaster ausgegeben wird.

Die Wahrscheinlichkeit, daß das echte Paket ausgegeben wird ist $1/(n+1)$. Sei X die Zufallsvariable, die die Anzahl der Nachrichten darstellt, die der Angreifer senden muß, bis die gewünschte echte Nachricht ausgegeben wird. Da jedesmal nach dem MIXmaster-Protokoll unabhängig und zufällig ein Paket aus dem Pool ausgewählt und weiterversendet wird, genügt X der geometrischen Verteilung.

Die Wahrscheinlichkeit, daß die echte Nachricht beim m-ten Schritt ausgegeben wird, ist gegeben durch:

$$P(X = m) = \frac{1}{n+1} \cdot \left(1 - \frac{1}{n+1}\right)^m = \frac{n^m}{(n+1)^{m+1}}$$

In dieser Zeit[1] $t_A = m/\lambda_A$ dürfen keine (Null) echten Pakete eintreffen. Da im offenen System die Nachrichten gemäß eines Poisson-Prozesses $N(t)$ ankommen, beträgt die Wahrscheinlichkeit, daß Null Pakete ankommen

$$P(N(t_A) = 0) = e^{-\lambda t_A} = e^{-m \cdot \frac{\lambda}{\lambda_A}}.$$

Mit dem Satz von der totalen Wahrscheinlichkeit folgt somit:

$$P(Erfolg) = p_F \cdot \sum_{m=0}^{\infty} e^{-m \cdot \frac{\lambda}{\lambda_A}} \cdot \frac{n^m}{(n+1)^{m+1}}$$

$$= p_F \cdot \frac{1}{n+1} \sum_{m=0}^{\infty} \left(\frac{n\exp(-\lambda/\lambda_A)}{n+1}\right)^m$$

$$= p_F \cdot \frac{1}{n+1 - n\exp((-\lambda)/\lambda_A)}$$

$$= \frac{\left(\frac{\lambda_A}{\lambda+\lambda_A}\right)^n}{n+1 - n\exp((-\lambda)/\lambda_A)}$$

---

1. Für einen festen Wert m ist die Angriffszeit t_A konstant, da λ_A von einer deterministischen Quelle erzeugt wird.

In Abhängigkeit von λ, λ_A und dem Sicherheitsbedürfnis der Nutzer kann im offenen System die Poolgröße bestimmt werden. In der Abbildung 6-7 ist die Erfolgswahrscheinlichkeit des Angreifers in Abhängigkeit von der Poolgröße abgebildet.

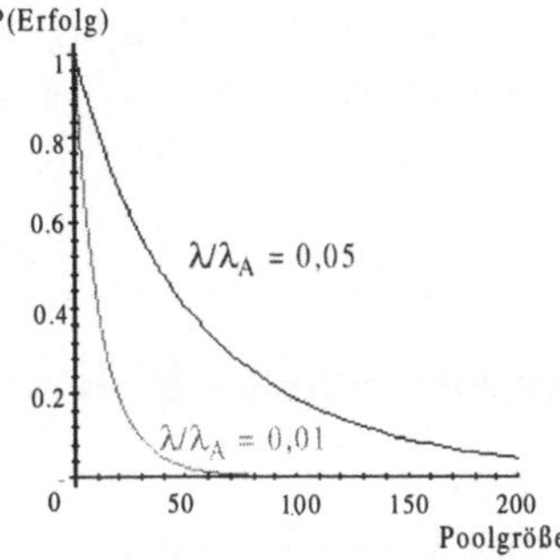

Abbildung 6-7: Wahrscheinlichkeit eines erfolgreichen Angriffs

6.4 BABEL-MIX – Verzögern in festen Zeitintervallen

Verzichtet man bei BABEL-MIXen (siehe Kapitel 5.2.3) auf das zufällige Festhalten von Nachrichten sowie die Umleitungen, so ist die Sicherheit von der Sammlung der Nachrichten in einem Stapel und der Ausgabe in regelmäßigen Abständen bestimmt. Die regelmäßigen Abstände zwischen den Ausgaben seien *T* Zeiteinheiten lang, d.h. für alle Pakete die in einem Zeitintervall gesammelt werden, gibt es eine abschätzbare maximale Verzögerung, die unabhängig vom Eintreffen anderer Nachrichten ist. Diese Eigenschaft der abschätzbaren maximalen Verzögerung kann für viele Anwendungen von Vorteil sein und deshalb soll das Verzögern in festen Zeitintervallen auf seine Sicherheit hin untersucht werden.

6.4.1 Die Sicherheit

Es wird von einem passiven Angreifer (siehe auch Definition 3.2) ausgegangen, der „echte" Pakete nicht verzögern kann. Der passive Angreifer kann genau dann die BABEL-MIX-Station überbrücken, wenn während eines Intervalls zwischen zwei Ausgabezeitpunkten nur eine einzige Nachricht eintrifft. Die Anzahl der Nachrichten, die in diesem Zeitintervall eintreffen, ist Poissonverteilt mit dem Parameter λt. Die Erfolgswahrscheinlichkeit eines Angriffs ist somit:

$$P = e^{-\lambda t}.$$

Die Erfolgswahrscheinlichkeit eines passiven[1] Angriffs sinkt mit zunehmendem t exponentiell gegen Null. Die Intervallänge t kann nach dem Sicherheitsbedürfnis gewählt werden.

Die Anonymitätsmenge ist durch alle Sender[2] von Nachrichten bestimmt, die während des gleichen Zeitintervalls eine Nachricht an die BABEL-MIX-Station senden. Wenn die Sender alle verschieden sind, so ist die erwartete Mächtigkeit der Anonymitätsmenge gleich der mittleren Anzahl an Nachrichten, die innerhalb des Intervalls eintreffen:

$$E(|A|) = \lambda t.$$

6.5 Bewertung der Sicherheit – Eine allgemeine Betrachtung

Die Bewertung der Sicherheit kann auf zwei verschiedene Arten erfolgen:

- Bestimmung des schwächsten Angreifers, der ein Verfahren bricht, oder
- Bestimmung des stärksten Angreifer, gegen den das Verfahren noch sicher ist.

Der erste Ansatz liefert eine obere und der zweite eine untere Schranke. Versucht man diese Ansätze zur Bewertung der Verfahren zu verwenden, so steht man vor dem Problem den stärksten oder schwächsten Angreifer zu bestimmen, d.h. eine Ordnung zu finden, in der man die Angreifer nach ihrer Stärke sortieren kann. Betrachte dazu die folgende Frage:

Ist ein Angreifer, der eine MIXmaster-Station beherrscht (Angreifer A), stärker oder ein Angreifer, der alle Leitungen abhören kann (Angreifer B).

Diese Frage läßt sich nicht generell beantworten:

Gegenüber Angreifer A ist die MIXmaster-Station völlig unsicher, wenn man nur diese einzige MIXmaster-Station bei der Kommunikation nutzt. Gegenüber Angreifer B ist das NDM-Verfahren völlig unsicher. Interessanterweise bieten die Verfahren einen gewissen Schutz, wenn die Angreifermodelle bei der Betrachtung getauscht werden.

Wenn auch die obige Betrachtung keinen mathematischen Beweis darstellt, so legt sie doch nahe, daß hier in der Klasse des praktischen Schutzes keine Ordnung der Verfahren nach ihrer Stärke existieren kann.

---

1. Es stellt sich die Frage, ob hier wie bei den SG-MIXen Zeitstempelprotokolle eingesetzt werden können, um Verzögerungsangriffe zu erkennen. Dafür müßten die einzelnen Zwischenknoten getaktet nach einer globalen Uhr arbeiten und aufeinander abgestimmt sein. Dies ist wohl in einer globalen Umgebung technisch sehr aufwendig.
2. Sender- und Empfänger-Anonymitätsmengen sind gleich groß, wenn alle Empfänger verschieden sind.

KAPITEL 7

Klassifizierung der Verfahren nach ihrer Leistungsfähigkeit

In den vorherigen Kapiteln stand die Sicherheit der Verfahren im Mittelpunkt der Untersuchung. In diesem Kapitel soll die Leistungsfähigkeit der Verfahren betrachtet werden. Diese Betrachtung ist insoweit von großer Bedeutung, als die betrachteten Verfahren im Gegensatz zu der konventionellen Kommunikation, die lediglich zwischen zwei Partnern stattfindet, mehrere Teilnehmer einbeziehen. Die daraus erwachsenden Anforderungen an die Kommunikationsnetze sind sehr groß und werden nur zum Teil von den heutigen Netzen erfüllt.

Das Ziel dieses Kapitels ist, ein Klassifizierungsschema für die Nutzer der Anonymisierungsverfahren zur Verfügung zu stellen, das die Verfahren nach ihrer Leistungsfähigkeit ordnet und vergleichbar macht. Zu diesem Zweck werden zwei neue Parameter eingeführt, nämlich **Wirkungsgrad** und **Zeiteffizienz**.

Mit dem Wirkungsgrad und der Zeiteffizienz werden zwei Größen definiert, die eine Klassifikation der verschiedenen Anonymisierungstechniken gemäß ihrer Leistungsfähigkeit ermöglichen. Zusammen mit den drei definierten Schutzmodellen ergibt sich ein Klassifizierungsschema, das eine Ordnung und einen Vergleich der existierenden Techniken ermöglicht und damit das Arbeitsgebiet der Anonymisierungstechniken weiter strukturiert.

7.1 Wirkungsgrad und Zeiteffizienz

Das Erreichen einer Anonymisierung der Kommunikationsteilnehmer und der Schutz ihrer Kommunikationsbeziehung ist in der Regel mit dem Versenden von echten Nachrichten und Scheinnachrichten verbunden [Pfit90]. Generell ist es für Anonymisierungstechniken daher von Bedeutung, trotz des jeweiligen Angreifermodells eine hohe Nachrichtenübertragungsrate zu gewährleisten. In der Regel müssen zum Erreichen des jeweiligen Schutzziels $n>1$ Pakete von n verschiedenen Teilnehmern erzeugt werden. Befinden sich unter diesen n Paketen k

echte Nachrichtenpakete und r Scheinnachrichten (Dummy-Nachrichten) ($r := n - k$), so soll das Verhältnis $\eta := k/n$ als Wirkungsgrad[1] bezeichnet werden.

Offensichtlich ist es erstrebenswert, ein Anonymisierungsverfahren mit hohem Wirkungsgrad $\eta \approx 1$ zu entwerfen. Angenommen, es gäbe solch ein Verfahren. Das würde bedeuten, daß bei der Anwendung des Verfahrens eine Anonymitätsmenge existiert, in der alle Teilnehmer etwas zu versenden haben. Da jedoch die n Teilnehmer nicht immer etwas zu versenden haben, muß das Verfahren entsprechend lange warten, d.h. das Zeitintervall muß so groß gewählt werden, daß die n Teilnehmer mit hoher Wahrscheinlichkeit etwas zu versenden haben. Dieser Zeitaufwand kann als Zeiteffizienz τ gemessen werden. Weiteren Einfluß auf die Zeiteffizienz hat die Umleitung von Nachrichten über zusätzliche Knoten, da hier ebenfalls Zeit eingebüßt wird.

Da die verschiedenen Verfahren unterschiedliche Techniken einsetzen, muß zur Berechnung der beiden Kenngrößen auf ein vereinfachtes, einheitliches Netzmodell zurückgegriffen werden. Dieses Modell geht davon aus, daß jeder Teilnehmer *direkt* und *zeitgleich* mit jedem anderen Teilnehmer kommunizieren kann (vollvermaschtes Netz). Das unmittelbare Senden der Nachricht vom Sender zum Empfänger (zum Beispiel von B an Y) wird damit als Normalfall betrachtet. Die beiden Kenngrößen definieren demzufolge den Mehraufwand bzgl. der Bandbreite sowie der Zeit und werden wie folgt berechnet:

$$\eta = \frac{Anzahl\ echte\ Nachrichten}{Gesamtanzahl\ Nachrichten} \tag{7.1}$$

$$\tau = \frac{Zeit\ zum\ direkten\ Senden\ einer\ Nachricht}{Zeit\ zum\ Senden\ mittels\ konkretem\ Verfahren} \tag{7.2}$$

7.2 Perfekter Schutz

7.2.1 Verteilung

Bei der Verteilung (siehe Kapitel 4.2) sendet der Sender eine Nachricht nicht nur an den eigentlichen Empfänger, sondern an alle Teilnehmer. Da das Senden hier in einem Schritt möglich ist, beträgt $\eta=1/(n-1)$ und $\tau=1$.

---

1. In der Physik wird das Verhältnis der abgegebenen Leistung einer Maschine zur zugeführten Leistung als Wirkungsgrad η definiert. Dies ist sinnvoll, da jede Maschine eine größere Leistung aufnimmt, als sie abgibt (aufgrund Reibung, Erwärmung etc.) [Kuch87]. Die Analogie zur Informationsrate bei den Anonymisierungsverfahren ist offensichtlich.

7.2.2   DC-Netz

Der DC-Netz-Algorithmus (siehe Kapitel 4.3) kann auf unterschiedliche Weise realisiert werden, so daß entweder der Wirkungsgrad oder die Zeiteffizienz verbessert wird. Bei der folgenden Betrachtung wird der Schlüsselaustausch nicht berücksichtigt:

1. Jeder Teilnehmer überlagert lokal (XOR-Funktion) die vorhandenen Schlüssel und evtl. die zu sendende Nachricht. Jeder Teilnehmer sendet direkt das Ergebnis der lokalen Überlagerung an alle Teilnehmer. Die Teilnehmer überlagern alle empfangenen Nachrichten mit der eigenen lokalen Überlagerung und erhalten die gesendete Nachricht. Offensichtlich ist hier der Wirkungsgrad $\eta = 1/(n \cdot (n-1))$ und die Zeiteffizienz $\tau = 1$.

2. *Logischer Ring* (siehe Abbildung 4-7): Es wird das Token-Verfahren mit festen Sende- und Empfangszyklen verwendet (siehe [Tane96]). Im Sende- und Empfangszyklus startet das Token von einer ausgezeichneten Station und wird sukzessive an jede Station im logischen Ring gesendet, bis der Startpunkt erreicht wird. Somit ist $\eta = 1/(2 \cdot n)$ und $\tau = 1/(2 \cdot n)$.

3. *Logischer Stern*: Es gibt eine ausgezeichnete Station. Alle lokalen Überlagerungen werden zu dieser Station gesendet. Diese Station überlagert alle empfangenen Pakete mit der eigenen lokalen Überlagerung und verteilt das Ergebnis an alle Stationen. Offensichtlich ist $\eta = 1/(2n-2)$ und $\tau = 1/2$.

7.2.3   MIX-Kaskade

Es wird hier von einer Kaskade von N MIX-Stationen (siehe Kapitel 4.4) ausgegangen. Die erste MIX-Station sammelt n Nachrichtenpakete, überprüft durch das Anonyme-Loop-Back, ob die Pakete „echt" sind und überträgt in einem Schritt alle Nachrichten an die nächste MIX-Station (Abbildung 4-11). Die Pakete können auf zwei verschiedene Weisen gesammelt werden:

synchron: Die Teilnehmer sind synchronisiert und senden in jedem Zeittakt eine Nachricht an die MIX-Kaskade. Da nicht zu jeder Zeit alle Teilnehmer etwas zu versenden haben, sind unter den n gesendeten Paketen nur k echte Pakete vorhanden. Somit ist $\eta = k/(n(N+1)+N \cdot (2n))$ und $\tau = 1/((N+1)+2N)$.

asynchron: Die Teilnehmer senden nur, wenn sie etwas zu versenden haben. Die MIX-Station wartet, bis jeder Teilnehmer eine Nachricht eingespielt hat: $\eta = 1/((N+1)+2N)$. Als Zeiteffizienz wird hier der Erwartungswert der Zeit für die Sammlung von n Paketen verwendet. Dies ist nach Formel 5.1 $E(W) = 1/\mu_D \cdot (n-1)/2\rho$. Insgesamt ergibt sich für $\tau = 1/[(N+1) + 2N + 1/\mu_D \cdot (n-1)/2\rho]$.

7.2.4 Vergleich der Verfahren

Tabelle 7-1 ordnet die Verfahren gemäß dem oben vorgestellten Klassifizierungsschema. Zusätzlich wird noch angegeben, ob der zugrundeliegende Gruppenbildungsmechanismus eine spontane Kommunikation zuläßt. Unter dem Begriff „spontan" wird verstanden, daß ein Teilnehmer das Verfahren ohne direkte Absprachen mit anderen Teilnehmer anwenden kann.

	Verteilung	DC-Netz (Fall 1)	MIX (synchron)	MIX (asynchron)
Sender-Anonymisierung	Nein	Ja	Ja	Ja
Empfänger-Anonymisierung	Ja	Ja	Ja	Ja
Angreifermodell	Def. 3.1	Def. 3.1	Def. 3.1	Def. 3.1
Wirkungsgrad η	$\dfrac{1}{n}$	$\dfrac{1}{n \cdot (n-1)}$	$\dfrac{k}{n \cdot (3N+1)}$	$\dfrac{1}{3N+1}$
Zeiteffizienz τ	1	1	$\dfrac{1}{3N+1}$	$\dfrac{1}{3N+1+\dfrac{(n-1)}{\mu_D \cdot 2\rho}}$
Spontan. Komm.	Nein	Nein	Nein	Ja

Tabelle 7-1: Vergleich der Grundverfahren

7.3 Probabilistischer Schutz

Der Klasse der probabilistischen Schutz bietenden Verfahren sind zur Zeit nur die SG-MIXe zuzuordnen. Wie im Kapitel 5.3 gezeigt, arbeitet ein SG-MIX grundsätzlich wie ein konventioneller MIX, sammelt jedoch keine feste Anzahl von Nachrichten. Da hier keine Anonyme-Loop-Back-Funktionalität benötigt wird, zeichnet sich das SG-MIX-Verfahren durch einen besseren Wirkungsgrad und eine bessere Zeiteffizienz aus (siehe Tabelle 7-1).

7.4 Praktischer Schutz

Zu der Klasse der praktischen Schutz bietenden Verfahren gehören insbesondere die in der jüngeren Literatur vorgeschlagenen Verfahren. Einige dieser Verfahren sind NDM, Onion Routing, Babel-MIXe. Das Leistungsverhalten von NDM und Onion-Routing sind gleich, da die Techniken sehr ähnlich sind (siehe auch [SGR97]).

	SG-MIX
Sender-Anonymisierung	Ja
Empfänger-Anonymisierung	Ja
Angreifermodell	Def. 3.1
Wirkungsgrad η	$\dfrac{1}{N+1}$
Zeiteffizienz τ	$\dfrac{1}{N+1+N\mu_S\frac{1}{\mu_W}}$
Spontan. Komm.	Ja

Tabelle 7-2: Probabilistischer Schutz

NDM: Bei der NDM-Methode werden die Nachrichten stets über N Zwischenknoten (SAs) geleitet. Somit ist der Wirkungsgrad $\eta = 1/(N+1)$ und zugleich auch die Zeiteffizienz $\tau = 1/(N+1)$.

T-MIX[1]: Die T-MIX-Station sammelt Nachrichten und gibt den ganzen Stapel in regelmäßigen Abständen (nach T Zeiteinheiten) umsortiert aus. Die Nachrichten werden über N Zwischenstationen geleitet. Somit wird jede Nachricht im Erwartungswert von einer T-MIX-Station $T/2$ Zeiteinheiten verzögert. Der Wirkungsgrad ist $\eta = 1/(N+1)$ und die Zeiteffizienz $\tau = 1/\{(N+1) + N{\cdot}T/2\}$.

Insbesondere in der Klasse des praktischen Schutzes gibt es noch weitere Verfahren (z. B. Crowds), die hier nicht vorgestellt wurden. Diese können analog bewertet und eingeordnet werden.

---

1. Wenn das zufällige Festhalten und die Umleitungen nicht einbezogen werden, dann ist ein BABEL-MIX ein T-MIX (vgl. auch Kapitel 6.4).

	T-MIX	NDM
Sender-Anonymisierung	Ja	Ja
Empfänger-Anonymisierung	Ja	Ja
Angreifermodell	Def. 3.2	Def. 3.2
Wirkungsgrad η	$\dfrac{1}{N+1}$	$\dfrac{1}{N+1}$
Zeiteffizienz τ	$\dfrac{1}{N+1+N \cdot T/2}$	$\dfrac{1}{N+1}$
Spontan. Komm.	Ja	Ja

Tabelle 7-3: Praktischer Schutz

KAPITEL 8

Privacy Enhancing Tool

Nach der analytischen Betrachtung der Verfahren soll eine Beispielimplementierung für eine offene Umgebung vorgestellt werden. Die Testimplementierung *Privacy Enhancing Tool* (PET) integriert in einem Tool verschiedene MIX-Verfahren, so daß die Teilnehmer je nach Sicherheitsbedarf ein bestimmtes Anonymisierungsverfahren auswählen können.

PET besteht im wesentlichen aus zwei unterschiedlichen Teilen: *Client* und *Server*. Ein Teilnehmer kann einen Client nutzen und über einen anonymisierenden Server unbeobachtbar kommunizieren.

Die Implementierung von PET wurde unter Windows NT entwickelt. Hierbei wurde die objektorientierte Programmiersprache Microsoft Visual C++ benutzt. In diesem Kapitel soll der objektorientierte Entwurf von PET und die Benutzerschnittstelle vorgestellt werden. Für weitere Implementierungsdetails siehe [Sjar97].

8.1 Entwurfsphilosophie

PET ist nach den Methoden des objektorientierten Softwaredesigns entworfen worden. Die Gründe dafür sind:

- **Portabilität**: Das Programm soll so weit wie möglich plattformunabhängig eingesetzt werden, d.h. die Umsetzung von PET auf andere Rechnertypen soll so einfach wie möglich sein.
- **Konfigurierbarkeit**: Die Modularität objektorientierter Software unterstützt die einfache Konfigurierbarkeit verschiedener MIX-Varianten.
- **Wiederverwendbarkeit**: Einzelne Basisbausteine sollen in unterschiedlichen Kontexten wiederverwendet werden.

• **Verständlichkeit/Nachvollziehbarkeit**: Durch das strukturierte Vorgehen (objektorientierte Analyse etc.) wird die Verständlichkeit und Nachvollziehbarkeit der Software erhöht.

8.2 Implementierungsumgebung und Entwurf

PET nutzt als Implementierungsumgebung die Klassenbibliothek *Microsoft Foundation Classes* (MFC), die auch eine Klasse für den Datenaustausch enthält. Der Datenaustausch wird über den sogenannten *WinSock* 2.0 (Windows Sockets) realisiert (siehe für Windows Sockets [Bonn95]).

WinSock bildet eine Schicht zwischen der Anwendung und dem Transportprotokoll. Die Implementierungsumgebung von PET ist in der Abbildung 8-1 dargestellt. PET greift über das *Application Programming Interface* (API) auf die Dienste von *WinSock* 2.0 zu. Über das *Service Provider Interface* (SPI) werden dann die Daten von *WinSock* 2.0 an das Transportprotokoll weitergereicht.

Wie im Kapitel 5.4.2 beschrieben, können für die Übertragung der MIX-Pakete IP- oder UDP-Datagramme verwendet werden. Da ein direkter Zugriff auf IP über *WinSock* nicht ohne weiteres möglich ist, benutzt PET UDP-Datagramme.

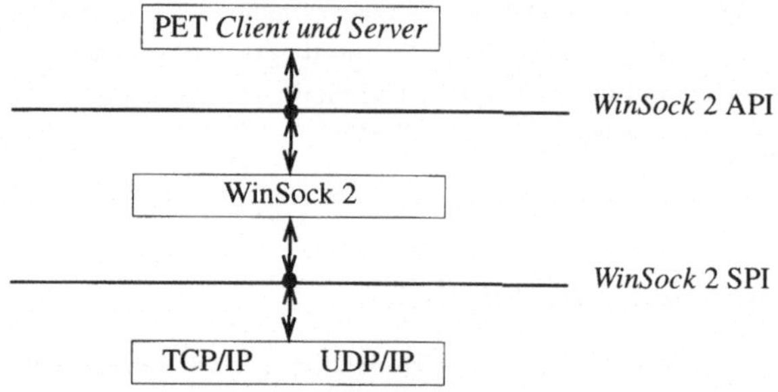

Abbildung 8-1: Die Implementierungsumgebung von PET

Der PET Client unterstützt alle bekannten und in dieser Arbeit diskutierten MIX-Varianten. Gemäß der Philosophie der „aktiven Netze" (siehe für *Active Networks* [TSS97]), wird im rekursiv verschlüsselt gesendeten Paket der jeweiligen Zwischenstation (PET Server) die gewünschte MIX-Anwendung vertraulich mitgeteilt (vertrauliche Sendung von Anweisungen). Der PET Server entnimmt diese Information und wendet die erforderlichen Maßnahmen und Verfahren an.

PET Client und PET Server sind in einer Software integriert. Dadurch kann **jeder Teilnehmer** im Internet mit PET anonym Nachrichtenpakete versenden, empfangen und als Zwischenstation Anonymisierungsdienste anbieten. Folgende Gründe sprechen für die Integration von Client und Server in einem Tool:

- **Sicherheit**: Alle Teilnehmer können MIX-Dienste anbieten, somit sinkt die Wahrscheinlichkeit[1] des omnipräsenten Angreifers. Folglich können die praktisch sicheren Verfahren mit den besseren Performanceeigenschaften eingesetzt werden.

- **Offene Umgebung**: PET folgt der Internet-Philosophie (offene Umgebung), derzufolge jeder Rechner gleichberechtigt ist, d.h. prinzipiell als Sender, Empfänger und Zwischenstation arbeiten kann (siehe Kapitel 1.1).

Im folgenden wird der objektorientierte Klassenentwurf für Client und Server näher vorgestellt.

8.2.1   Client-Klasse

Die Client-Klasse besteht aus zwei Hauptklassen `CAsyncSocket` und `CPetClient` (siehe Abbildung 8-2).

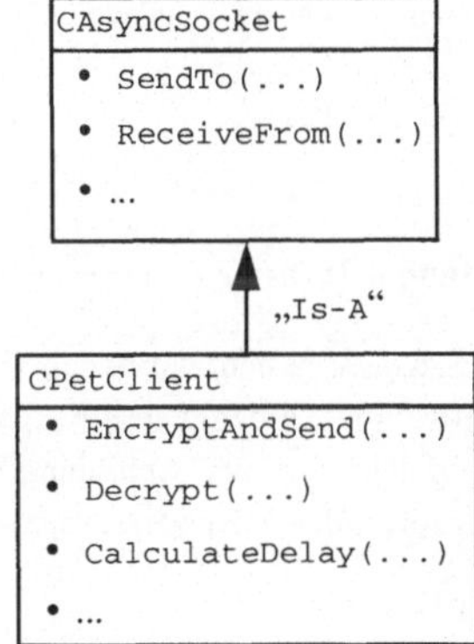

Abbildung 8-2: PET-Client Klassenhierarchie

`CAsyncSocket` ist eine Basisklasse, die von der Klassenbibliothek MFC zur Verfügung gestellt wird. Wie in der Abbildung 8-2 gezeigt wird, ist durch `CAsyncSocket` ein Zugriff auf die Transportschicht möglich, d.h. Nachrichtenpakete können über das Internet weltweit

---

1. Wenn man von einer festen Wahrscheinlichkeit p an „korrupten" Zwischenknoten ausgeht, dann sinkt diese Wahrscheinlichkeit exponentiell mit der Anzahl der Zwischenknoten. Zum Beispiel ist bei n Zwischenknoten die Wahrscheinlichkeit, daß alle n Knoten korrupt sind, gleich p^n.

gesendet und empfangen werden. Weitere Informationen zu der Standardklasse `CAsyncSocket` finden sich in [HMA93].

`CPetClient` baut auf `CAsyncSocket` auf und verwirklicht alle Basisfunktionen, die für eine anonyme Sendung eines Pakets über einen Zwischenknoten (MIX, SG-MIX etc.) benötigt werden. Die so entworfene Klasse `CPetClient` soll im folgenden Abschnitt näher beschrieben werden.

`CPetClient`-Klasse

Die Definition der `CPetClient`-Klasse sieht in Auszügen wie folgt aus:

```
class CPetClient : public CAsyncSocket
{
public: ...
    char m_Data[BUF_LEN];

    ...

        int EncryptAndSend(CSjaSAList * pClient, double dPaketSize, DWORD
        dwPaketID, cobList * pSAList = NULL, char cPaketArt = 0, double, dDelay =
        0, CSjaAckList * pEndTimeout = NULL);

        int Decrypt(char * pData, int iDataLen, CString & Subjekt, CString &
        Daten, BOOL & bDuplicate, cobList * pPaketlist, char cPaketArt = 0,
        CString strAdr = NULL);
        ...
        int CalculateDelay(double dDelay);
        ...}
```

Abbildung 8-3: Die `CPetClient`-Klasse

Die Hauptaufgabe der `CPetClient`-Klasse besteht darin, daß Nachrichtenpakete entsprechend einer gewählten MIX-Methode aufbereitet werden. Diese Aufgabe wird hauptsächlich von der Methode `EncryptAndSend(...)` geleistet (siehe Abbildung 8-3). Durch die mitgesendete Variable `cPaketArt` kann eine der folgenden Methoden ausgewählt werden:

`NDM`:	NDM-Methode (Abschnitt 6.1),
`SG-MIX`[1]:	SG-MIX-Methode (Abschnitt 5.3),
`MIX`:	MIX-Methode (Abschnitt 6.2),
`Mixmaster`[2]:	Mixmaster (Abschnitt 6.3), und
`DIREKT`:	Direkte Versendung von Ende-zu-Ende verschlüsselten Nachrichten.

Die Nachrichtenpakete, außer beim direkten Senden, müssen über ein oder mehrere Zwischenknoten (Server) gesendet werden.

---

1. In der Arbeit von Sjarif [Sjar97] werden die SG-MIXe unter dem Namen „`NDM mit Delay`" vorgestellt.
2. In [Sjar97] wurde noch Mixmaster in einem anderen Betriebsmodus, nämlich Batchbetrieb, implementiert.

Bei der Nutzung von SG-MIXen wird die Latenzzeit mit `CalculateDelay(...)` berechnet und mitgesendet. PET bestimmt die Verzögerungszeit gemäß der vorgestellten Theorie (siehe Kapitel 5.3).

PET berücksichtigt nur Pakete mit Standardlängen. Pakete, die diese Standardlängen nicht aufweisen, werden sowohl vom Client als auch vom Server ignoriert.

8.2.2 Server-Klassen Entwurf

Die von einem Server empfangenen Pakete müssen erst einer Standardverarbeitung (Entschlüsseln etc.) gemäß dem gewählten Kontext (MIX, SG-MIX etc.) unterzogen werden. Die Klassenaufteilung berücksichtigt diese beiden Abstraktionsebenen durch die Klassen `CPet-Server` und die jeweiligen MIX-Klassen (siehe Abbildung 8-4).

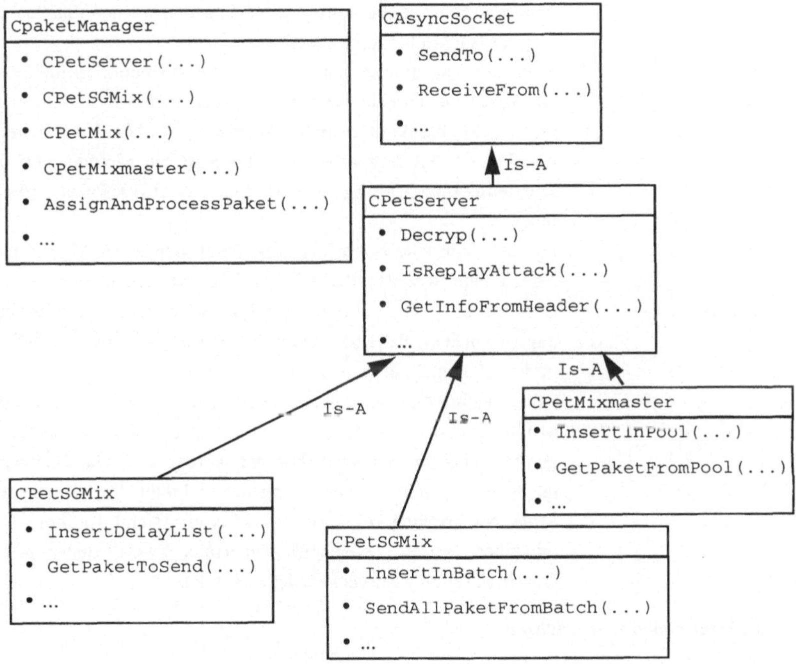

Abbildung 8-4: PET-Server Klassenhierarchie

Der PET Server schließt eine Managementkomponente `CpaketManager` ein, die einige allgemeine Kontrollaufgaben übernimmt. Typische Beispiele für Verwaltungsaufgaben sind:

- Die Datenbank wird alle 12 Stunden gelöscht.

- Neu angekommene Pakete werden auf korrekte Paketlängen überprüft (CheckPaket-Size(...)). Sind die Pakete kleiner oder größer, so werden sie verworfen.

- Die Nachrichtenart wird mit GetPaketArt(...) herausgefiltert und mit AssignAnd-ProcessPaket(...) den entsprechenden Methoden zugeordnet.

- Sollen von einem Server Scheinnachrichten erzeugt werden, so wird dies von GenerateDummy(...) initiiert.

CPetServer-Klasse

In der CPetServer-Klasse werden alle allgemeinen Methoden implementiert, die die anderen Klassen benötigen (außer der CPaketManager-Klasse). Die Bearbeitung durch die einzelnen Methoden wird wie folgt durchgeführt:

Decrypt(...)	Alle im Server angekommenen Nachrichten werden unabhängig von der Nachrichtenart entschlüsselt.
GetInfoFromHeader(...)	Nach der Entschlüsselung werden die Informationen über eine Nachricht aus dem Nachrichtenkopf gefiltert.
IsTimeStampOK(..)	Der Nachrichtenkopf enthält Informationen über den Zeitstempel. Vor der Weiterbearbeitung überprüft die Methode, ob der Zeitstempel noch gültig ist. Falls nicht, wird das Paket verworfen.
HashPaket(...)	Die entschlüsselte Nachricht wird durch den Hash-Algorithmus MD5 (siehe [Rive91], [Schn96]) auf 16 Byte abgebildet.
IsReplayAttack(...)	Diese Methode überprüft anhand des Hashwertes, ob ein Replayangriff vorliegt. Falls dies nicht der Fall ist, wird der Hash-Wert in der lokalen Datenbank abgespeichert.
GenerateDummy(...)	Scheinnachrichten werden so erzeugt, daß ein Angreifer nicht die Möglichkeit hat, eine echte von einer bedeutungslosen Nachricht zu unterscheiden. Scheinnachrichten werden wie echte Nachrichten generiert, nur mit bedeutungslosem Inhalt. Sie werden wie echte Nachrichten rekursiv verschlüsselt (siehe Kapitel 4.4.4) und über mehrere Zwischenknoten (max. zwei) wieder an die Quelle (Ursprungsserver) zurück gesendet.

SG-MIXe und Scheinnachrichten

Da die zu durchlaufenden Zwischenknoten nicht in der Lage sind, zwischen echten und bedeutungslosen Nachrichten zu unterscheiden, kann jeder Server im Fall der SG-MIXe das Netz auf aktive Angriffe hin (für aktive Angriffe bei SG-MIXen siehe Seite 88) prüfen. Zusätzlich wird dadurch die Last erhöht, was allgemein zur Verringerung der durchschnittlichen Wartezeit führt.

In PET hat man zwei Möglichkeiten Scheinnachrichten zu erzeugen:

- Nach dem Versenden einer Scheinnachricht wird immer direkt eine neue Scheinnachricht erzeugt, d.h. es existiert stets eine Scheinnachricht im Zwischenknoten, die verzögert wird.

- Scheinnachrichten werden in einem beliebigen Zeitabstand generiert, d.h. es kann der Fall auftreten, daß sich keine Scheinnachricht im Zwischenknoten befindet.

Alle Scheinnachrichten werden in jedem durchlaufenen Zwischenknoten gemäß der SG-MIX-Methode verzögert, d.h. die zufälligen Verzögerungszeiten genügen der Exponentialverteilung.

CPetSGMIX-Klasse

Die CPetSGMIX-Klasse ist durch drei Methoden mit den folgenden Eigenschaften definiert:

InsertInDelayList(...)	Durch diese Methode werden alle empfangenen Nachrichten in die Liste der verzögerten Nachrichten m_pDelayList eingefügt. Die Nachrichten werden aufsteigend nach der Verzögerungszeit sortiert.
GetPaketToSend(...)	Ist die Verzögerungszeit abgelaufen, so wird das Paket mit Hilfe dieser Methode entfernt und weitergesendet.
CalculateDelay(...)	Diese Methode dient zur Berechnung der exponentiellverteilten Verzögerungszeiten von Scheinnachrichten.

Die übrigen MIX-Klassen sollen hier nicht im Detail vorgestellt werden, da die konkreten Methoden in den Klassen ähnlich wie bei der CPetSGMIX-Klasse aufgebaut sind.

8.2.3 Fehlertolerante Übertragung bei SG-MIXen durch das PET-Protokoll

Um mit einer großen Wahrscheinlichkeit eine erfolgreiche Nachrichtenübermittlung zu gewährleisten, kann mittels PET eine Ende-zu-Ende Sicherung[1] angewandt werden. Beim Versenden einer Nachricht wird ein Timeout-Wert für eine Rückantwort berechnet. Ist innerhalb des berechneten Zeitintervalls keine Quittung[2] vom Empfänger für eine gesendete Nachricht angekommen, so wird die Nachricht über eine komplett neue Route erneut versendet.

---

1. Nur bei SG-MIXen möglich. Siehe „Überprüfung auf Zeitfenster, Verzögern und Weitervermitteln" auf Seite 99.
2. Die Quittierung erfolgt über die sogenannte nicht verfolgbare Rückadresse (siehe Anhang A).

8.3 Das Anwendungsprogramm

PET bietet einem Anwendungsprogrammierer eine Anzahl von Methoden an (siehe Abbildung 8-5), auf die er über das PET API zugreifen kann. Diese Methoden sind Bausteine zur Verwirklichung diverser MIXe, wie sie in Kapitel 4.4, 5 und 6 vorgestellt wurden.

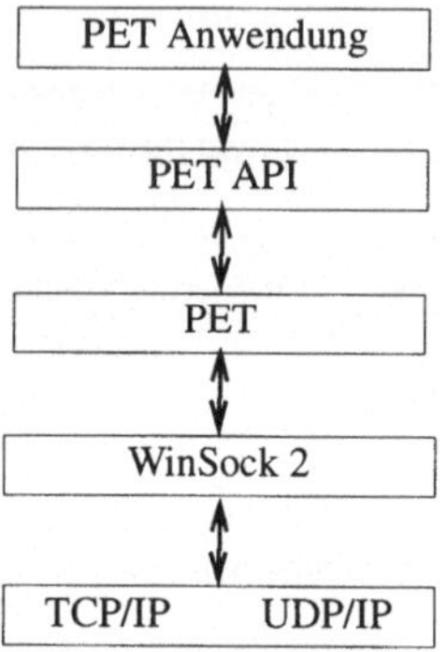

Abbildung 8-5: PET-Architektur

In diesem Abschnitt soll eine prototypische PET-Anwendungsschnittstelle, aufgeteilt in PET Client und PET Server, vorgestellt werden.

8.3.1 PET Client

Ein Teilnehmer bedient sich der Dialog-Box (siehe Abbildung 8-6) um anonym eine Nachricht zu versenden. Einige der zur Verfügung stehenden Optionen sind:

- Der Empfänger wird entweder aus der Liste „Senden an" (Pull Down Menü) ausgewählt oder durch das Drücken der Taste „Neuer Eintrag" in die Liste eingefügt.

- Wird „Datei auswählen" gewählt, so erscheint eine Dialog Box, mit der die Datei per Mausklick ausgewählt wird, sonst erscheint nach Betätigen von „Erstellen" ein Editierfeld.

- Die Anzahl der eventuell empfangenen Pakete wird in der Box „Anzahl angekommener Daten" angezeigt.

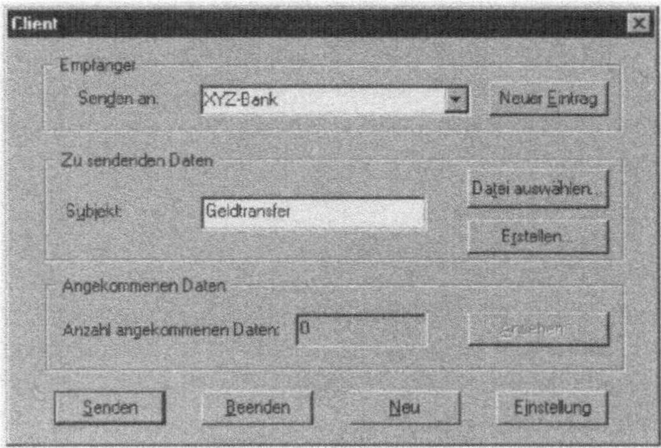

Abbildung 8-6: Client Dialog-Box

Bei der Vorbereitung der Nachricht zur anonymen Sendung via PET muß darauf geachtet werden, daß die im System vereinbarte Nachrichtengröße nicht überschritten wird. Zu große Pakete werden von PET einfach nicht verarbeitet (gesendet), da PET noch keine Pakete splitten und dann im Endrechner korrekt wieder zusammenfügen kann.

Ein Teilnehmer kann bei jeder Sendung eine andere Methode wählen (NDM, SG-MIX etc.), indem er die Taste „Einstellung" benutzt. Sonst wird entsprechend der letzten Einstellung gesendet. Im Falle einer Neueinstellung erscheint die Dialog-Box[1] aus Abbildung 8-7.

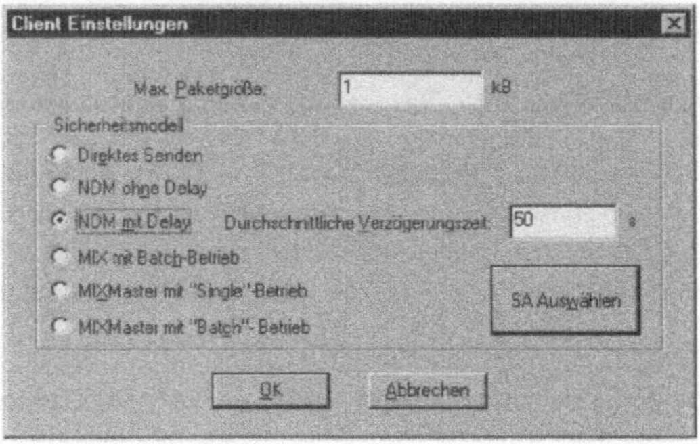

Abbildung 8-7: Dialog-Box zum Einstellen des Clients

---

1. SG-MIX wird in dieser Dialog-Box als „NDM mit Delay" bezeichnet.

Im Feld „Max. Paketgröße" können verschiedene im Netz vereinbarte Nachrichtengrößen angegeben werden. PET unterstützt verschiedene Klassen von Paketlängen.

8.3.2 PET Server

Das Programm PET Server ermöglicht dem Betreiber eines MIX-Servers die Verwaltung des Servers. Im folgenden sollen einzelne Beispiele für die Servereinstellungen für konkrete Verfahren gezeigt werden.

Server-Einstellungen

Die Server-Einstellung erfolgt durch die in Abbildung 8-8 abgebildete Dialog-Box. Damit können Parameter-Einstellungen für verschiedene MIX-Typen vorgenommen werden. Unter der Auswahl „Allgemein" können Nachrichtengrößen vorgegeben werden, um verschiedene Klassen von Paketlängen zu unterstützen.

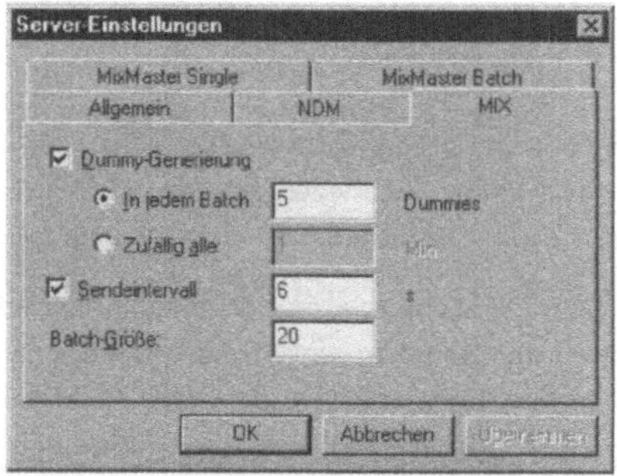

Abbildung 8-8: Server Dialog Box zum Einstellen einzelner Parameter (MIX)

In Abbildung 8-8 sind speziell die Optionen für eine MIX-Station abgebildet. Scheinnachrichten können hier auf zwei verschiedene Arten generiert werden: Entweder in jedem Stapel (Batch) oder in zufällig gewählten Stapeln. Bei entsprechender Auswahl wird das Eingabefeld aktiviert und die gewünschte Rate an Scheinnachrichten pro Zeiteinheit kann direkt eingegeben werden.

PET ermöglicht die Wahl eines Sendeintervalls gemäß der Babel-MIX-Theorie. Das Sendeintervall bestimmt die maximale Aufenthaltszeit eines Pakets im Server. Läuft die angegebene Zeit ab, werden die Pakete weitergeleitet, obwohl der Stapel nicht „voll" ist (siehe Abschnitt 5.2.3 Babel-MIXe).

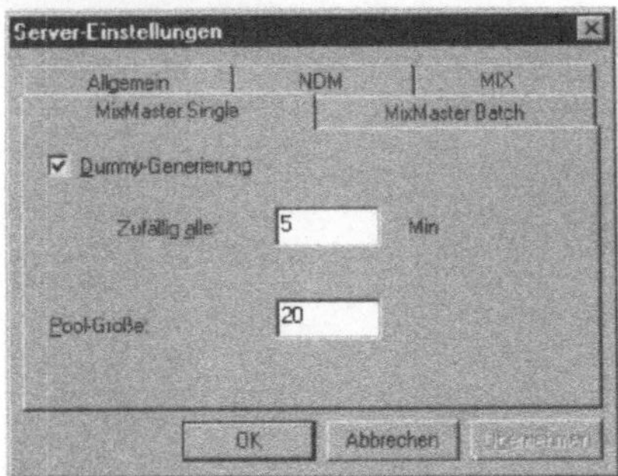

Abbildung 8-9: Mögliche Einstellungen eines Mixmaster Servers

In Abbildung 8-9 sind die möglichen Einstellungen für den Mixmaster abgebildet. Im Gegensatz zum MIX-Server können hier nur zu zufälligen Zeitpunkten Scheinnachrichten produziert werden. PET unterstützt die Poolgrößen von 2 bis 100.

SG-MIX

Das Verwaltungsprogramm PET-Server in der Anwendungsschnittstelle erlaubt keine Beeinflussung des Protokolls (außer Erzeugung von Scheinnachrichten). Dies kennzeichnet das SG-MIX-Verfahren, da dabei jedes Paket streng nach der Vorgabe des Senders verarbeitet werden muß. Der Betreiber hat keine Beeinflussungsmöglichkeiten, außer das Paket ist zu lang oder kann nicht entschlüsselt werden und muß aus diesem Grund verworfen werden.

8.4   PET: Zusammenfassung und Ausblick

Die Testimplementation PET ist ein Experimentierfeld[1]. Verschiedene Parameter können hier eingestellt und auf ihre Performance und Sicherheit hin untersucht werden. Einige Messungen sind in [Sjar97] zu finden.

Leider unterstützt die jetzige Version von PET nicht alle Basisfunktionalitäten und hat einige Schwächen. Die wesentlichen Schwachpunkte sind:

- Fehlende Unterstützung des MIX-Netz-Protokolls.
- Keine Erzeugung von Kontrollpaketen.

---

1. Sourcecode und Programm sind zu finden unter http://kraftwerk.informatik.rwth-aachen.de/pronet/tools.htm

- Verwendung schwacher Kryptographie (Microsoft Crypto API).

Da der Sourcecode offen im Internet verfügbar ist, bleibt zu hoffen, daß PET weiter entwickelt wird und die Defizite beseitigt werden.

KAPITEL 9

Zusammenfassung

Gegenstand dieser Arbeit war die Untersuchung der *vertrauenswürdigen* Kommunikation in *offenen Umgebungen*. Vertraulichkeit umfaßt den Schutz der Nachrichteninhalte und den Schutz der Kommunikationsbeziehungen bzw. -umstände. Der Schutz der Nachrichteninhalte wird mit Kryptographie gelöst und der Schutz der Kommunikationsbeziehung mit Anonymisierungstechniken. Offene Umgebungen zeichnen sich durch ihre Komplexität und Unüberschaubarkeit aus. Offensichtlich existiert in der offenen Umgebung ein großes Gefahrenpotential, daß die vertraulichen Informationen in unbefugte Hände geraten.

Die Lösungen in der Kryptographie lassen sich durch eine Modelltheorie bewerten und klassifizieren. Diese Modelltheorie umfaßt die informationstheoretische und die komplexitätstheoretische Modellwelt. Die Lösungen der informationstheoretischen Modellwelt eignen sich nicht für die offene Umgebung. Dieser Sachverhalt bildete die Motivation zur Entwicklung der komplexitätstheoretischen Modellwelt (siehe [DiHe76, GoMi84]).

Zur Bewertung und Klassifizierung der Anonymisierungstechniken existierte bis jetzt nur die informationstheoretische Modellwelt [Pfit90]. Die daraus resultierenden Lösungen eignen sich jedoch nicht für die offene Umgebung. Deshalb erfordern sie eine Umgestaltung der Netze zu geschlossenen Umgebungen (siehe Abbildung 4-13 auf Seite 69 und [Pfit90], Seite 299).

Um Lösungen für die offene Umgebung zu finden, wurde in dieser Arbeit die Modelltheorie entsprechend der Kryptographie erweitert (*probabilistischer Schutz*) und das SG-MIX-Verfahren entwickelt, das beweisbar in der vorgeschlagenen Sicherheitsklasse liegt.

Um nachzuweisen, daß das entwickelte Verfahren auch in der offenen Umgebung angewandt werden kann, wurde die theoretische Analyse durch eine Anwendbarkeitsstudie erweitert. Um eine realitätsnahe Bewertung zu gewährleisten, wurde mit Hilfe des Netzsimulationswerkzeugs OPNET ein Simulationsmodell für das Internet (offene Umgebung) entwickelt. So konnten verschiedene realistische Szenarien definiert und untersucht werden. Zur Parametrisierung wurden umfangreiche Messungen benutzt, die am Lehrstuhl vorgenommen wurden (siehe dazu [FaRu96]).

In der aktuellen Literatur werden verschiedene Techniken diskutiert, die insbesondere auch die Anonymisierung der Nutzer in offenen Umgebungen ermöglichen und deren Unbeobachtbarkeit sicherstellen. Diese Verfahren gehören weder zur informationstheoretischen noch zur probabilistischen Modellwelt. Für den Nutzer, der die Anonymisierungstechniken anwenden will, ist es wichtig, die verschiedenen vorgeschlagenen Techniken im Hinblick auf ihre Sicherheit und Leistungsfähigkeit bewerten und vergleichen zu können. Es wurde aus diesem Grund der *praktische Schutz* vorgeschlagen und einzelne Verfahren auf ihren Schutz hin bewertet.

Um die vorgestellten Algorithmen und theoretischen Analysen mit einer Anwendbarkeitsstudie abzuschließen, wurde im letzten Abschnitt ein Prototyp für die offene Umgebung (Internet) vorgestellt. Ein objektorientiertes Design des Prototyps zielt dabei auf Wiederverwendbarkeit und Portabilität des Programms. Die Anwendungsschnittstelle ermöglicht eine einfache und flexible Nutzung von Anonymisierungstechniken.

9.1   Ausblick

Die bisherige Betrachtung des Gebiets der Anonymisierungstechniken war deterministisch. In dieser Arbeit wurden zwei Modellwelten eingeführt: probabilistische und praktische Unbeobachtbarkeit, Anonymität und Unverkettbarkeit. Entsprechende Techniken in diesen Modellwelten wurden vorgeschlagen und bzgl. ihrer Sicherheit bewertet. Weitere bekannte MIX-Varianten wurden in die Betrachtung einbezogen. Praktikabilitäts- sowie Performanceuntersuchungen wurden erstellt und ein Prototyp implementiert. Folgende Arbeitsgebiete wurden nicht oder nicht abschließend behandelt und stehen für künftige Arbeiten offen:

* *Die Anwendung der probabilistischen Bewertung*: In der Literatur existieren weit mehr Varianten, als in dieser Arbeit betrachtet werden konnten. Die probabilistische Bewertung von Crowds [ReRu97] oder MIXmaster (bzgl. Anonymitätsmenge) [Cott95] steht noch aus.

* *Leistungsparameter*: In dieser Arbeit wurden die beiden abstrakten Begriffe Wirkungsgrad η und Zeiteffizienz τ eingeführt (siehe Kapitel 7), die die Leistungsfähigkeit der Verfahren beschreiben und sie somit trotz ihrer Unterschiede vergleichbar machen. Das vorgestellte Bewertungsmodell bedarf einer Verfeinerung und Erweiterung.

* *Prototyp PET*: Anonymisierungstools für das Internet sind schon länger bekannt. Jedoch fehlen protokoll- und softwaretechnische Betrachtungen dieser komplexen Anwendung. Mit dem Prototyp PET wurde hier ein erster Ansatz gemacht, jedoch fehlen die Untersuchungen bezüglich verschiedener Einsatzgebiete mit unterschiedlichen Anforderungen (z.B. WWW, Email, IP-Telefonie etc.).

- *Theoretische Grundlagen der Anonymisierungstechniken*: In dieser Arbeit wurde der Versuch unternommen, die grundlegenden Elemente der Anonymisierungstechniken zu identifizieren und zu abstrahieren (z.B. Gruppenbildung, Einbettungsfunktion in Kapitel 4). Jedoch wurde keine abstrakte Definition der Anonymisierungstechnik angegeben, wie sie beispielsweise in der Kryptographie bekannt ist (siehe Definition 2.1 auf Seite 11).

- *Erweiterung der probabilistischen Bewertungsmodelle*: Die mathematischen Modelle zur Bewertung der Sicherheit können verfeinert und erweitert werden, so daß die weiteren Momente der Verteilungen bestimmt werden können (z.B. Mächtigkeit von Anonymitätsmengen).

- *Anwendungsgebiet Mobilfunk*: Die Anonymisierungstechniken zum Schutz der Lokalisierungsinformation wurden bis jetzt in der deterministischen Modellwelt untersucht (siehe [Pfit93, Hets93, FJKP95, KeFo95, KFJP96, FJKP96, FJP96, HJK96, KRJ98]). Es ist noch eine offene Frage, inwiefern die probabilistische Modellwelt im Bereich Mobilfunk eingesetzt werden kann.

9.2 Schlußwort

Es wurden in dieser Arbeit theoretische Modelle vorgestellt und Sicherheitsaussagen über die Anonymisierungstechniken getroffen. Diese Sicherheitsaussagen sind nur dann gültig, wenn ausschließlich die Anonymisierungstechniken betrachtet werden. In der täglichen Anwendung in der „realen Welt" gelten diese Aussagen nur eingeschränkt, da der Anwender, der Mensch ein „soziales Wesen" ist. In dieser Eigenschaft gibt er seine Geheimnisse früher oder später, direkt oder indirekt an Mitmenschen weiter. So wird auch im Nibelungenlied der Einsatz der Tarnkappe aufgedeckt [Henn77], obwohl die Technik der „Tarnkappe" perfekte Sicherheit leistet.

Empfängeranonymität

Durch die in dieser Arbeit vorgestellten MIX-Varianten wird nur Senderanonymität erreicht. Diese Protokolle lassen sich einfach so erweitern, daß auch Empfängeranonymität gewährleistet werden kann. Die Erweiterung zur Empfängeranonymität wurde Bereits von D. Chaum in der grundlegenden Arbeit [Chau81] vorgestellt. Sie ist unter dem Namen anonyme Rückadresse (*untraceable return address*) bekannt.

In diesem Anhang wird nur das Protokoll vorgestellt. Für weitergehende Untersuchungen siehe [PfWa87, PPW88, Pfit90, PfPf89, PPW91].

A.1 Problematik

Ein Teilnehmer X, der unbekannt bleiben möchte[1], stellt anonym eine Anfrage[2] an einen Teilnehmer A. Der Teilnehmer A will antworten, kennt aber die öffentliche Adresse von X nicht. Gesucht wird nach einer MIX-Technik, mit der Teilnehmer A eine Nachricht I an X senden kann, wobei

- X seine Identität nicht preisgeben muß, also weiter anonym bleiben kann und

- X davon ausgehen kann, daß, wenn X die Nachricht I empfängt, diese von A ist.

Es gelten die üblichen Randbedingungen, d.h. obiges kann nur dann realisiert werden, wenn nicht alle verwendeten MIX-Stationen und/oder alle Teilnehmer gegen X zusammenarbeiten.

---

1. Anwendungsbeispiel: Ein Teilnehmer X sendet anonym eine Nachricht an die Anonymen Alkoholiker (AA) und bittet um Rückantwort. Es ist klar, daß der Teilnehmer X gegenüber AA während der ganzen Korrespondenz anonym bleiben will.

2. Z.B. über MIXe, wie in dieser Arbeit vorgestellt.

A.2 Das Protokoll

Nach der obigen Anforderung soll insbesondere A seine eigene Nachricht I (die Antwort auf die Anfrage von X) nicht verfolgen können, d.h. Aussehen (Bitmuster, Länge) und zeitliche sowie räumliche Zusammenhänge sollen bei der Vermittlung nicht beobachtbar sein. Weiterhin sollen zur Lösung der Aufgabe nur die bekannten MIX-Techniken eingesetzt werden.

Die Grundidee zur Lösung des Problems ist, daß der Empfänger mit einer Anzahl von MIX-Stationen (hier mit m MIX-Stationen) einen anonymen "Rückweg" für die Antwortnachricht I vereinbart, bei der jede MIX-Station nur die nächste MIX-Station kennt und I so umcodiert, daß ausschließlich nur X die Nachricht I über alle m MIXe weiterverfolgen kann. Die „Vereinbarung" mit den jeweiligen MIXen muß natürlich anonym erfolgen.

Eine der möglichen Lösungen ist, daß X bei der anonymen Initialanfrage an A einen Nachrichtenteil „k_0, M_1, R_1" beifügt. Dabei ist k_0 ein symmetrischer Schlüssel, M_1 die öffentliche Adresse einer MIX-Station und R_1 die anonyme Rückadresse.

A.2.1 Nachrichtensendung mit Empfängeranonymität

Es wird angenommen, daß A bereits die anonyme Anfrage mit dem Nachrichtenteil „k_0, M_1, R_1" erhalten hat.

1. Der Teilnehmer A verschlüsselt die Nachricht I mit k_0 und sendet das Nachrichtenpaket $[M_1 \mid k_0(I) \mid R_1]^1$ an die MIX-Station M_1.

2. Die MIX-Station M_1 entschlüsselt R_1 mit dem privaten Schlüssel d_{M_1} und erhält eine neue MIX-Adresse M_2, einen symmetrischen Schlüssel k_1 und eine weitere anonyme Rückadresse R_2.

3. M_1 verschlüsselt $k_0(I)$ mit k_1 und sendet $[M_2 \mid k_1(k_0(I)) \mid R_2]$.

4. ...

5. MIX-Station M_i empfängt das Paket $[M_i \mid k_{i-1}(...(k_2(k_1(k_0(I))))...) \mid R_i]$, entschlüsselt R_i mit dem privaten Schlüssel d_{M_i} und erhält eine neue MIX-Adresse M_{i+1}, einen symmetrischen Schlüssel k_i und die anonyme Rückadresse R_{i+1}.

6. M_i verschlüsselt $k_{i-1}(...(k_2(k_1(k_0(I))))...)$ mit k_i und sendet $[M_{i+1} \mid k_i(k_{i-1}(...(k_2(k_1(k_0(I))))...)))\mid R_{i+}]$.

7. ...

---

1. Eckige Klammern stellen die Grenzen des Nachrichtenpakets dar. Die Blöcke im Paket werden mit „ | " abgegrenzt. Es sei gewährleistet, daß alle Nachrichtenblöcke einer global vereinbarten Standardlänge entsprechen.

8. Der Empfänger erhält somit die Nachricht R_{m+1}, $k_m(k_{m-1}(...(k_1(k_0(I)))...))$. Der Empfänger kennt die Schlüssel k_0, ..., k_m und die Reihenfolge ihrer Anwendung, da er sie ja in die Rückadresse eingefügt hat, und kann nun die eigentliche Nachricht I entschlüsseln.

Da jede MIX-Station die Blöcke durch Ver- und Entschlüsselung so verändert, daß der Sender A weder die eigene Nachricht I noch die anonyme Rückadresse an Bitmuster verfolgen kann, ist der Empfänger geschützt, solange die übrigen Anforderungen (Gruppenbildung (Kapitel 4), konstante Nachrichtenlänge (siehe Seite 70) etc.) erfüllt werden.

A.2.2 Bildungsvorschrift für die Anonyme Rückadresse

Eine anonyme Rückadresse wird folgendermaßen von X gebildet:

1. Der Empfänger X bildet eine offene implizite Adresse „e" (siehe Seite 45 für implizite Adressen): $R_{m+1} := e$.

2. Die Rückadresse wird, ausgehend von den Schlüsseln des letzten MIXes, vor dem die Rückadresse generierenden Empfänger bis zum ersten MIX verschlüsselt. Dies geschieht mit einem hybriden Kryptosystem, d.h. mittels öffentlicher Schlüssel c_i und symmetrischer Schlüssel k_i, die so mitgesendet werden, daß sie bei Nutzung der anonymen Rückadresse dem i-ten MIX nach der Entschlüsselung mit d_i zugänglich werden. Die symmetrischen Schlüssel k_i dienen zur Änderung des Aussehens und zum Schutz des Inhalts der Antwortnachricht:

$$R_i := c_i(k_i, M_{i+1}, R_{i+1}), \text{ für } i = m, ...,1.$$

Literatur

[AJSW97]   N. Asokan, P. A. Janson, M. Steiner, M. Waidner: *The State of the Art in Electronic Payment Systems*, IEEE Computer, September 1997.

[Balz96]   H. Balzert: *Methoden der objektorientierten Systemanalyse*, Spektrum Akademischer Verlag, 1996.

[Baue93]   F. L. Bauer: *Kryptographie*, Springer-Verlag 1993.

[BBS86]   L. Blum, M. Blum, M. Schub: *A Simple Unpredictable Pseudo-Random Number Generator*, SIAM J. Comput.. 15/2, 1986.

[BCL93]   Baxter, Chien, Loreen, Marshall, Baraniuk: *OPNET Tutorial manual*, OPNET Documentation, Rel. 2.4, MIL 3 Inc., 1993.

[BDF95]   A. Bertsch, H. Damker, H. Federrath, D. Kesdogan, M. J. Schneider: *Erreichbarkeitsmanagement*, PIK – Praxis der Informationsverarbeitung und Kommunikation 4/1995.

[BeBr88]   P. Beauchemin, G. Brassard: *A Generalization of Hellman's Extension to Shannon's Approach to Cryptography*, Journal of Cryptology Vol. 1, No 2, 1988.

[Bonn95]   P. Bonner: *Network Programming with Windows Sockets*, London, Prentice Hall, 1995.

[CAC93]   Communications of the ACM, März 1993.

[CAC94]   Communications of the ACM, November 1994.

[Char91]   B. W. Char et al.: *Maple V*, Springer-Verlag, 1991.

[Chau81]   D. Chaum: *Untraceable Electronic Mail, Return Addresses, and Digital Pseudonyms*, Communications of the ACM 24/2 (1981) 84-88.

[Chau88]   D. Chaum: *The Dining Cryptographers Problem: Unconditional Sender and Recipient Untraceability*, Journal of Cryptology 1/1 (1988) 65-75.

[CoBi95]   D. A. Cooper, K. P. Birman: *Preserving Privacy in a Network of Mobile Computers*, 1995 IEEE Symposium on Research in Security and Privacy, IEEE Computer Society Press, Los Alamitos 1995.

[Cott95]   L. Cottrell: *Mixmaster & Remailer Attacks*, http://obscura.com/~loki/remailer-essay.html.

[Cris89]   F. A. Cristian: *A probabilistic approach to distributed clock synchronization*, Proc. 9th International Conference on Distributed Computing Systems, 1989.

[CTC92]   Canadian System Security Centre, Communications Security Establishment, Government of Canada: *The Canadian Trusted Computer Product Evaluation Criteria*, April 1992, Version 3.0e.

[Dana96]   P. H. Dana: *Global Positioning System Overview*, Department of Geography, University of Texas, Austin, 1996, `http://www.utexas.edu/depts/grg/gcraft/notes/gps/gps.html`

[DaPr84]   D.W. Davies, W. L. Price: *Security for Computer Networks*, An Introduction to Data Security in Teleprocessing and Electronic Funds Transfer, John Wiley & Sons, Chichester, New York, 1984.

[Denn82]   D. E. Denning: *Cryptography and Data Security*, Addison-Wesley, 1982.

[DFM96]   H. Damker, H. Federrath, M.J. Schneider: *Maskerade-Angriffe im Internet - Eine Demonstration von Unsicherheit*, Datenschutz und Datensicherheit (DuD) 5/96, Mai 1996.

[DiHe76]   W. Diffie, M. E. Hellman: *New Directions in Cryptography*, IEEE Transactions on Information Theory, Vol. 10, Juni 1977.

[Echt90]   K. Echtle: *Fehlertoleranzverfahren*, Studienreihe Informatik, Springer-Verlag, Heidelberg 1990.

[Egne97]   J. C. Egner: *Vergleichende Analyse von Verfahren zur anonymen Kommunikation*, Diplomarbeit am Lehrstuhl für Informatik IV der RWTH Aachen, 1997.

[FaLa75]   D. J. Farber, K. C. Larson: *Network Security Via Dynamic Process Renaming*, Fourth Data Communications Symposium, 7-9 Oktober 1975, Quebec City, Canada, 8-13-8-18.

[FaRu96]   A. Fasbender, I. Rulands: *On Assessing Unidirectional Latencies in Packet-Switched Networks*, Technical Report, Lehrstuhl für Informatik IV, RWTH Aachen, 1996.

[Fede99]   H. Federrath: *Sicherheit mobiler Kommunikation: Schutz in GSM-Netzen, Mobilitätsmanagement und mehrseitige Sicherheit*, DuD-Fachbeiträge, Vieweg-Verlag, 1999.

[FePf97]   H. Federrath, A. Pfitzmann: *Bausteine zur Realisierung mehrseitiger Sicherheit*, G. Müller, A. Pfitzmann (Hrsg.): Mehrseitige Sicherheit in der Kommunikationstechnik, Addison-Wesley-Longman 1997.

[FJP96]   H. Federrath, A. Jerichow, A. Pfitzmann: *Mixes in mobile communication systems: Location management with privacy*, Information Hiding, Cambridge, Mai/Juni 1996, LNCS 1174, Springer-Verlag.

[FKK96a]   A. Fasbender, D. Kesdogan, O. Kubitz: *Variable and Scalable Security: Protection of Location Information in Mobile IP*, IEEE VTC'96, Atlanta, 1996.

[FKK96b]   A. Fasbender, D. Kesdogan, O. Kubitz: *Analysis of Security and Privacy in Mobile IP*, 4th International Conference on Telecommunication Systems, Modelling and Analysis, Nashville, 1996.

[FJKP95]   H. Federrath, A. Jerichow, D. Kesdogan, A. Pfitzmann: *Security in Public Mobile Communication Networks*, Proc. of the IFIP TC 6 International Workshop on Personal Wireless Communications, Verlag der Augustinus-Buchhandlung Aachen, 1995

[FJKP96]   H. Federrath, A. Jerichow, D. Kesdogan, A. Pfitzmann, O. Spaniol: *Mobilkommunikation ohne Bewegungsprofile*, Informationstechnik und Technische Informatik, it+ti 4/96, 38. Jahrgang 1996, Heft 4, ISSN 0944 - 2774

[Frei98]   `http://www.iig.uni-freiburg.de/dbskolleg`

[Gold95]   O. Goldreich: *Foundations of Cryptography*, Department of Computer Science and Applied Mathematics, Weizmann Institute of Science, Rehovot, Israel, 1995, `ftp.wisdom.weizmann.acil//pub/oded/bookfrag.`

[GoMi84]   S. Goldwasser, S. Micali: *Probabilistic Encryption*, Journal of Computer and System Sciences, Vol. 28, 1984.

[GRS96]   D. M. Goldschlag, M. G. Reed, P. F. Syverson: *Hiding Routing Information*, Information Hiding, LNCS 1174, Springer-Verlag, 1996.

[GüTs96]   C. Gülcü, G. Tsudik: *Mixing Email with Babel*, Proc. Symposium on Network and Distributed System Security, San Diego, IEEE Comput. Soc. Press, 1996.

[Have98]   B. R. Haverkort: *Performance of Computer Communication Systems*, John Wiley & Sons Ltd 1998.

[HaPa93]   P. G. Harrison, N. M. Patel: *Performance Modelling of Communication Networks and Computer Architectures*, Addison-Wesley, 1993.

[Hell77]   M. E. Hellman: *An extension of the Shannon Theory Approach to Cryptography*, IEEE Transactions on Information Theory Band IT-23, No. 3, Mai 1977.

[Henn77]   U. Hennig: *Das Nibelungenlied. Nach der Handschrift C*, Tübingen 1977, Altdeutsche Textbibliothek, Bd. 83.

[Hets93]   T. Hetschold: *Aufbewahrbarkeit von Erreichbarkeits- und Schlüsselinformation im Gewahrsam des Endbenutzers unter Erhaltung der GSM-Funktionalität eines Funknetzes*, GMD-Studien No. 222, Okt. 1993.

[HJK96]   S. Hoff, K. Jakobs, D. Kesdogan: *Secure Location Management in UMTS*, Communications and Multimedia Security, Proceedings of the IFIP TC6/TC11 International Conference on Communications and Multimedia Security at Essen, Germany, September 1996, Chapman & Hall, ISBN 0-412-79780-1

[HMA93]   Hall, Martin et al: *Windows Sockets: An Open Interface for Network Programming under Microsoft Windows*, Version 1.1, 1993.

[Hopf97]   hopf GmbH, Industriefunkuhren: *DCF77 Funkuhren und Empfänger bzw. GPS Satelliten Funkuhren*, http://www.hopf-time.com.

[HuPf96]   M. Huhn, A. Pfitzmann: *Technische Randbedingungen jeder Kryptoregulierung*, DuD 20/1, Vieweg-Verlag, 1996.

[Info98]   INFO-AGE; *The Internet Story*, Info-Age, 1998, http://www.info-age.com.

[Karg77]   P. A. Karger: *Non-Discretionary Access Control for Decentralized Computing Systems*, Master Thesis, Massachusetts Institute of Technology, Laboratory for Computer Science, 545 Technology Square, Camebridge, Massachusetts 02139, Mai 1977, Report MIT/LCS/TR-179.

[KEB98]   D. Kesdogan, J. Egner, R. Büschkes: *Stop-And-Go-MIXes Providing Probabilistic Anonymity in an Open System*, Proc. 2nd Workshop on Information Hiding (IHW98), LNCS 1525, Springer-Verlag 1998.

[KeFo95]   D. Kesdogan, X. Fouletier: *Secure Location Information Management in Cellular Radio Systems*, IEEE Wireless Communication Systems Symposium WCSS'95 "Wireless Trends in 21st Century", NY, Nov. 1995.

[KFJP96]   D. Kesdogan, H. Federrath, A. Jerichow, A. Pfitzmann: *Location Management Strategies Increasing Privacy in Mobile Communication Systems*, 12th International Information Security Conference (IFIP SEC '96), Information Systems Security: Facing the Information Society of the 21st Century, Mai 1996, Samos, Chapman & Hall.

[King90]   P. J. B. King: *Computer and Communications Systems Performance Modelling*, Prentice Hall, 1990.

[Klei75]   L. Kleinrock: *Queuing Systems*, Vol. 1: Theory, John Wiley & Sons, 1975.

[KLS98]   V. P. Kumar, T. V. Lakshman, D. Stiliadis: *Beyond Best Effort: Router Architectures for the Differentiated Services of Tomorrow's Internet*, IEEE Communication Magazine, Mai 1998.

[Knut73]   D. E. Knuth: *The Art of Computer Programming*, Vol. 1: Fundamental Algorithms, Addison-Wesley, 2nd ed., 1973.

[KRJ98]   D. Kesdogan, P. Reichl, K. Junghärtchen: *Distributed Temporary Pseudonyms: A New Approach for Protecting Location Information in Mobile Communication Networks*, Computer Security – ESORICS 98, LNCS 1485, Springer-Verlag, September 1998.

[Kuch87]   H. Kuchling: *Physik*, VEB Fachbuchverlag Leipzig, 1987.

[KZB96]   D. Kesdogan, M. Zywiecki, K. Beulen: *Mobile User Profile Generation - A Challenge between Performance and Security*, Proc. of the IFIP TC 6 International Workshop on Personal Wireless Communications; Verlag der Augustinus-Buchhandlung Aachen, Dez. 1996.

[LaMc94]   A. Law, M. McComas: *Simulation Software for Communications: Classification and Requirements*, IEEE Communications Magazine, März 1994.

[Levi95]   J. Levine: *An Algorithm to Synchronize the Time of a Computer to Universal Time*, IEEE/ACM Transactions on Networking, Vol. 3, No. 1, 1995.

[Lope95]   M.-D. S. Lopez: *Vergleichende Bewertung konnektionistischer Modelle mit klassischen statistischen Klassifikationsverfahren*, Dissertation an der RWTH Aachen, 1995.

[LPW91]   J. Lukat, A. Pfitzmann, M. Waidner: *Effizientere fail stop Schlüsselerzeugung für das DC-Netz*, Datenschutz und Datensicherheit (DuD) 15/2, Vieweg-Verlag, 1991.

[Mill91]   D. L. Mills: *Internet Time Synchronization: The Network Time Protocol*, IEEE Trans. Comm., Vol. 39, No. 10, Oktober 1991.

[MOV97]   A. J. Menezes, P. v. Oorschot, S. Vanstone: *Handbook of Applied Cryptography*, CRC Press 1997.

[MüPf97]   G. Müller, A. Pfitzmann (Hrsg.): *Mehrseitige Sicherheit in der Kommunikationstechnik*, Addison-Wesley, Bonn 1997.

[Ney95]   H. Ney: *Skript zu der Vorlesung Mustererkennung und neuronale Netze*, RWTH Aachen, Lehrstuhl für Informatik VI, Juni 1995.

[PaFl95]   V. Paxon, S. Floyd: *Wide-Area Traffic: The Failure of Poisson Modelling*, IEEE Trans. Networking, Vol. 3, No. 3, Mai 1995.

[Part94]   C. Partridge: *Gigabit Networking*, Addison-Wesley, 1994.

[Pfit90]   A. Pfitzmann: *Diensteintegrierende Kommunikationsnetze mit teilnehmerüberprüfbarem Datenschutz*, IFB 234, Springer-Verlag, Heidelberg 1990.

[Pfit93]   A. Pfitzmann: *Technischer Datenschutz in öffentlichen Funknetzen*, Datenschutz und Datensicherung (DuD) 17/8, Vieweg-Verlag, 1993.

[Pfit96]   B. Pfitzmann: *Digital Signature Schemes*, LNCS 1100, Springer-Verlag, 1996.

[Pfit97]   A. Pfitzmann: *Datensicherheit und Kryptographie*, Vorlesungsskript TU Dresden, WS 1997/98.

[Pfit98]   A. Pfitzmann: *Sicherheitskonzepte im Internet und die Kryptokontraverse*, in R. Hamm, K. P. Möller (Hrsg.), Datenschutz und Kryptographie – ein Sicherheitsrisiko?, Nomos Verlagsgesellschaft, Baden-Baden, 1998.

[PfPf89]   A. Pfitzmann, B. Pfitzmann: *How to Break the Direct RSA-Implementation of MIXes*, Proc. Eurocrypt'89, LNCS 434, Springer, 1990.

[PoKl78]   G. J. Popek, C. S. Kline: *Issues in Kernel Design*, Operating Systems, An Advanced Course, Lecture Notes in Computer Science LNCS 60, 1978 Springer Study Edition, 1979, Springer-Verlag.

[PPS97]   A. Pfitzmann, B. Pfitzmann, M. Schunter, M. Waidner: *Trusting Mobile User Devices and Security Modules*, Computer 30/2, 1997.

[PPW88]   A. Pfitzmann, B. Pfitzmann, M. Waidner: *Datenschutz garantierende offene Kommunikationsnetze*, Informatik Spektrum, 11/3, 1988.

[PPW89]   A. Pfitzmann, B. Pfitzmann, M. Waidner: *Telefon-MIXe: Schutz der Vermittlungsdaten für zwei 64-kbit/s-Duplexkanäle über den (2·64 +16)-kbit/s-Teilnehmeranschluß*, Datenschutz und Datensicherung (DuD) 13/12, Vieweg-Verlag, 1989.

[PPW91]   A. Pfitzmann, B. Pfitzmann, M. Waidner: *ISDN-MIXes – Untraceable Communication with Very Small Bandwidth Overhead*, Proc. Kommunikation in verteilten Systemen, IFB 267, Springer Verlag, 1991.

[PPW92]   A. Pfitzmann, B. Pfitzmann, M. Waidner: *Datenschutz garantierende offene Kommunikationsnetze*, Beitrag zum Tutorium „Vernetzte Systeme und Sicherheit in der Informationsverarbeitung" der GI-Jahrestagung 1992.

[PfWa87]   A. Pfitzmann, M. Waidner: *Networks without user observability*, Computers & Security 6/2, 1987.

[PfWa91]   B. Pfitzmann, M. Waidner: *Unbedingte Unbeobachtbarkeit mit kryptographischer Robustheit*, Proc. Verläßliche Informationssysteme 1991 (VIS'91), Informatik-Fachberichte 271, Springer-Verlag, 1991.

[RDLM95]   K. Rannenberg, H. Damker, W. Langenheder, G. Müller: *Mehrseitige Sicherheit als integrale Eigenschaft von Kommunikationstechnik*, Jahrbuch Telekommunikation & Gesellschaft 1995, R.v.Decker's Verlag, Heidelberg, 1995.

[ReRu97]   M. K. Reiter, A. D. Rubin: *Crowds: Anonymity for Web Transactions*, Preliminary Announcement, DIMACS Technical Report 97-15, April 1997.

[Rive91]   R. L. Rivest: *The MD4 Message Digest Algorithm*, Crypto'90, LNCS 537, Springer-Verlag, Berlin 1991.

[Rive98]   R. L. Rivest: *Chaffing and Winnowing: Confidentiality without Encryption*, MIT Lab for Computer Science, March 22, 1998, http://theory.lcs.mit.edu/~rivest/chaffing.txt.

[RPM96]   K. Rannenberg, A. Pfitzmann, G. Müller: *Sicherheit, insbesondere mehrseitige IT-Sicherheit*, it+ti 38/4, 1996.

[Ross72]   S. M. Ross: *Introduction to Probability Models*, New York, Academic Press.

[RSA78]   R. L. Rivest, A. Shamir, L. Adleman: *A Method for Obtaining Digital Signatures and Public-Key Cryptosystem*, Comm. ACM, Feb. 1978, Vol. 21, No. 2.

[Ruep98]   Rainer A. Rueppel: *Public Key Infrastructures - Status and Trends*, Workshop Public-Key-Infrastrukuren: Stand, Perspektiven und Forschungsaspekte, 16. Nov. 1998 bei Siemens AG in Essen.

[Rula96]   I. Rulands: *Messung und Modellierung von Paketlaufzeiten im Internet*, Diplomarbeit am Lehrstuhl für Informatik IV, RWTH Aachen, Oktober 1996.

[Scha96]   S. Schaarschmidt: *Anonyme Remailer im Internet*, Großer Beleg am Institut für Theoretische Informatik der TU Dresden, Januar 1996.

[Schi97]   V. Schindler: *High Speed RSA Hardware Based on Low-Power Pipelined Logic*, Dissertation, Institut für angewandte Informationsverarbeitung und Kommunikationstechnologie, Technische Universität Graz, Österreich.

[Schn96]   B. Schneier: *Applied Cryptography: Protocols, Algorithms, and Source Code in C*, John Wiley & Sons (2nd ed), New York 1996.

[SFJ97]   R. Sailer, H. Federrath, A. Jerichow, D. Kesdogan, A. Pfitzmann: *Allokation von Sicherheitsfunktionen in Telekommunikationsnetzen*, in G. Müller, A. Pfitzmann (Hrsg.), Mehrseitige Sicherheit in der Kommunikationstechnik: Verfahren, Komponenten, Integration, Addison Wesley, 1997.

[SFH95]   O. Spaniol, A. Fasbender, S. Hoff, J. Kaltwasser, J. Kassubek: *Impacts of Mobility on Telecommunication and Data Communication Networks*, IEEE Personal Communications Magazine, Vol 2, Oktober 1995.

[SGR97]   P. F. Syverson, D. M. Goldschlag, M. G. Reed: *Anonymous Connections and Onion Routing*, Proc. 1997 IEEE Symposium on Security and Privacy, Mai 1997.

[Shan48]   C. E. Shannon: *A mathematical Theory of Communication*, The Bell System Technical Journal Vol. 27, Juli/Oktober 1948.

[Shan49a]   C. E. Shannon: *Communication in the Presence of Noise*, Proc. of the Institute of Radio Engineers, Band 37, Nummer 1, Januar 1949.

[Shan49b]   C. E. Shannon: *Communication Theory of Secrecy Systems*; The Bell System Technical Journal, Vol. 28, No. 4, Oktober 1949.

[Sied97]   V. Siedt: *Leistungsbewertung von Sicherungsmethoden in Mobile IP*, Diplomarbeit am Lehrstuhl für Informatik IV der RWTH Aachen, März 1997.

[Sjar97]　J. M. Sjarif: *Objektorientierte Implementierung und Leistungsbewertung von Verfahren zur anonymen Kommunikation*, Diplomarbeit, RWTH Aachen, Lehrstuhl für Informatik IV, Juli 1997.

[Stev94]　W. R. Stevens: *TCP/IP Illustrated*, Vol. 1, Reading, MA, Addison-Wesley, 1994.

[Stin95]　D. R. Stinson: *Cryptography Theory and Practice*, CRC Press, 1995.

[StMa96]　P. A. Strassmann, W. Marlow: *Risk-Free Access Into The Global Information Infrastructure Via Anonymous Re-Mailers*. American Programmer, Vol. 9, Issue 5, 1996, `http://www.strassmann.com/pubs/anon-remail.html`

[Tane96]　A. S. Tanenbaum: *Computer Networks*, Prentice-Hall, Englewood Cliffs, NJ., 1996.

[TSS97]　D. L. Tennenhouse, J. M. Smith, W. D. Sincoskie, D. J. Wetherall, G. J. Minden: *A Survey of Active Network Research*, IEEE Communications Magazine, Vol. 35, No. 1, 1997.

[VoKe83]　V. L. Voydock, S. T. Kent: *Security Mechanisms in High-Level Network Protocols*, ACM Computing Surveys 15 (1983), No. 2, Juni 1983.

[Waid85]　M. Waidner: *Datenschutz und Betrugssicherheit garantierende Kommunikationsnetze. Systematisierung der Datenschutzmaßnahmen und Ansätze zur Verifikation der Betrugssicherheit*, Diplomarbeit am Institut für Informatik IV, Universität Karlsruhe, Interner Bericht 19/85, 1985.

[Waid90]　M. Waidner: *Unconditional Sender and Recipient Untraceability in spite of Active Attacks*, Eurocrypt '89, LNCS 434, Springer-Verlag, Berlin 1990.

[Waid97]　M. Waidner: *Elektronische Märkte und Elektronisches Geld*, Tutorium Verläßliche IT-Systeme Zwischen Key Escrow und Elektronischem Geld VIS'97, 29. September 1997, Freiburg i. Brsg.

[WaPf89]　M. Waidner, B. Pfitzmann: *The Dining Cryptographers in the Disco: Unconditional Sender and Recipient Untraceability with Computationally Secure Serviceability*, Universität Karlsruhe 1989.

Index

Das maßgebliche Handbuch zu IT-Recht und IT-Sicherheit

Datenschutz und Datensicherheit

Konzepte, Realisierungen, Rechtliche Aspekte, Anwendungen

hrsg. von Patrick Horster und Dirk Fox

1999. VIII, 304 S. mit 26 Abb., 2 Tab. (DuD-Fachbeiträge)
Geb. DM 148,00
ISBN 3-528-05714-9

Das Buch behandelt die Grundlagen und rechtliche Aspekte moderner IT-Systeme sowie deren Realisierung in unterschiedlichen Anwendungen unter besonderer Berücksichtigung des Datenschutzes. Insbesondere geht es um die Verbindung beider Aspekte von Datenschutz und Datensicherheit, die in der aufkommenden Informationsgesellschaft zunehmend an Bedeutung gewinnen. Der schnellen Verbreitung des Internets und darauf aufbauender sicherheitskritischer Anwendungen kommt dabei eine besondere Relevanz zu. Dadurch werden die Aufgaben der betrieblichen und institutionellen Sicherheitsverantwortlichen komplexer und zugleich immer wichtiger.

Abraham-Lincoln-Straße 46
65189 Wiesbaden
Fax 0180.57878-80
www.vieweg.de

Stand November 1999
Änderungen vorbehalten.
Erhältlich beim Buchhandel oder beim Verlag.

Unabhängige Darstellung der IT-Sicherheitszertifizierung

Zertifizierung mehrseitiger IT-Sicherheit

Kriterien und organisatorische Rahmenbedingungen

von Kai Rannenberg

1998. XX, 230 S. mit 19 Abb.,
(DuD-Fachbeiträge)
Br. DM 98,00
ISBN 3-528-05666-5

Aus dem Inhalt:
Zertifizierung - Mehrseitige Sicherheit - IT-Sicherheit - Kommunikationssicherheit - Evaluationskriterien - Orange Book (TCSEC) - ITSEC - CTCPEC - ISO-Evaluationskriterien - Common Criteria (CC)

Zertifizierung und Evaluation von IT-Sicherheit gewinnen mehr und mehr Bedeutung, nicht zuletzt durch einschlägige Bestimmungen des neuen deutschen Gesetzes zur digitalen Signatur.

Dieses Buch gibt aus unabhängiger Perspektive einen Überblick über Stand, Entwicklung und Kriterien der IT-Sicherheitszertifizierung. Es stellt herkömmlicher IT-Sicherheit, die vor allem das Interesse der Systembetreiber im Blickfeld hatte, mehrseitige IT-Sicherheit gegenüber, also den gleichberechtigten Schutz von Nutzern und Kunden. Auf der Basis neuer Erfahrungen werden zusätzlich die Organisation von IT-Sicherheitszertifizierung und -evaluation untersucht und Vorschläge zur Steigerung ihrer Effizienz entwickelt.

Abraham-Lincoln-Straße 46
65189 Wiesbaden
Fax 0180.57878-80
www.vieweg.de